N 국가직무능력표준시리즈 **69**

사출금형제작

사출금형제작 표준화 관리

고용노동부 · 한국산업인력공단

Jinhan M&B

차 례

능력단위 교재의 개요 ·· 3

단원명 1 금형부품의 표준규격 결정하기(15230210_14v2.1) ······························· 6
  1-1 금형부품의 기능 및 재료 열처리사양 선정 ································· 6
  1-2 금형부품 표준화에 따른 제조원가 계산 ····································· 28
  교수방법 및 학습활동 ·· 38
  평가 ··· 39

단원명 2 표준 규격 문서화하기(15230210_14v2.2) ·· 43
  2-1 금형 표준부품 도면작성 및 분류 ··· 43
  2-2 표준화 부품의 규격 개선 ··· 61
  교수방법 및 학습활동 ·· 69
  평가 ··· 70

단원명 3 표준규격 관리하기(15230210_14v2.3) ··· 74
  3-1 금형부품 표준서 작성 및 표준규격 보안 ································· 74
  3-2 표준규격 적용 및 유지 관리 ··· 87
  교수방법 및 학습활동 ·· 101
  평가 ··· 102

단원명 4 표준규격 개정하기(15230210_14v2.4) ··· 106
  4-1 금형부품 제작공정별 기능개선 ··· 106
  4-2 표준규격 적용에 따른 부품제작 ··· 117
  교수방법 및 학습활동 ·· 127
  평가 ··· 128

학습 정리 ··· 131

종합 평가 ··· 135

참고자료 및 관련 사이트 ··· 138

사출금형 제작 표준화관리 교재 개요

📘 능력단위 학습목표
- 표준규격관리는 효율적인 금형제작을 위해 금형부품의 사양을 규격화 할 수 있다.
- 이 규격화 된 금형부품을 표준문서로 작성하고 관리, 개선 할 수 있다.

📘 선수학습
- 사출금형에서 사용되는 금형부품의 명칭 등을 이해 할 수 있는 능력
- 사출금형의 MOLD BASE 의 규격별 분류와 통일된 용어를 이해 할 수 있는 능력
- 도면작성과 관련된 KS의 기계제도 통칙을 이해할 수 있는 능력

📘 교육훈련내용 및 훈련시간

단원명	세부 단원명	교육훈련시간
1. 금형부품의 표준규격 결정하기	1-1. 금형부품의 기능 및 재료열처리사양 선정 1-2. 금형부품 표준화에 따른 제조원가 계산	
2. 표준규격 문서화하기	2-1. 표준부품 도면작성 및 분류 2-2. 표준화부품의 규격 개선	
3. 표준규격 관리하기	3-1. 금형부품의 표준서 작성 및 표준규격 보안 3-2. 표준규격 적용 및 유지관리	
4. 표준규격 개정하기	4-1. 금형부품 제작공정별 기능 개선 4-2. 표준규격 적용에 따른 부품제작	

사출금형 제작 표준화 관리

색인 목록

기하공차의 정의	12
기하공차 종류	14
가이드 핀	16
리턴 핀	18
로케이트 링	19
스프루 부시	20
이젝터 슬리브 핀	21
금형 열처리	22
원가관리	29
원가계산	31
재료비 계산	32
금속비중표	34
금형 설계	43
성형품 취출	61
언더컷 처리	62
슬라이드코어	63
변형밀핀	67
스페이서 블럭	75
금형제작 사양서	80
러너의 형상	82
사이클 타임	85
사출금형 표준서	90
스프루 록핀	93
육각 홈 볼트	99
사출금형 재료선정	107
금형개발공정	109
부품별 재질	118
금형제작공정	120
CAE/CAD/CAM	121
사상/조립	124

사출금형 제작 표준화관리 교재 개요

능력단위의 위치

수준	등급	01. 사출금형설계		02. 사출금형제작		03. 사출금형품질관리		04. 사출금형조립	
4수준	특급	사출금형설계 업무관리							
3수준	고급	사출금형 원가계산		일정관리	제작공정설계			사출금형 조립검사	사출금형의 수정
		사출성형해석	시험사출 제품 분석						
				외주관리				사출금형 경면래핑	사출금형 시험사출
		사출금형 구조분석		설비관리	가공표준관리	사출금형생산성 검토하기	시제품평가	사출금형조립의 안전과 환경관리	
2수준	중급	사출금형 조립도 설계		공정간 검사	표준규격관리	사출시험작업		사출금형조립의 고정측 조립작업	
				소재/부품 구매		금형수정하기	금형유지보수	사출금형조립의 가동측 조립작업	
		가공지원 도면작성	사출금형 부품도 설계			사출성형 설비점검	사출금형이완	사출금형 부품 조립준비	
				도면이해	금형부품가공	제품도 및 금형도 해독	사출금형의 이해	도면 해독	사출금형다듬질
		3D 어셈블리하기							
1수준	초급	2D 도면작성	3D 부품 모델링			시제품 측정			
-		직업기초능력							

5

사출금형 제작 표준화 관리

단원명 1　금형부품의 표준 규격 결정하기(15230210_14v2.1)

1-1　금형부품의 기능 및 재료 열처리사양 선정

| 교육훈련 목표 | • 효율적인 금형제작을 위해 표준부품의 기능을 파악하고, 표준부품의 형상과 가공품질을 결정할 수 있다. |

| 필요 지식 | - 금형재료의 열처리 특성에 대한 지식
- 금형 도면 및 구조, 제조공정 특성, 비용에 대한 지식
- 가공방법과 가공품질 및 금형부품의 표준 분류 체계에 대한 지식 |

1 몰드베이스의 개요

1. 몰드 베이스의 정의

몰드베이스란 플라스틱 성형기계에서 제품을 성형하고 이젝팅할 때 필요한 모든 금형 요소들을 포함하고 있는 하우징 전체를 말 합니다.

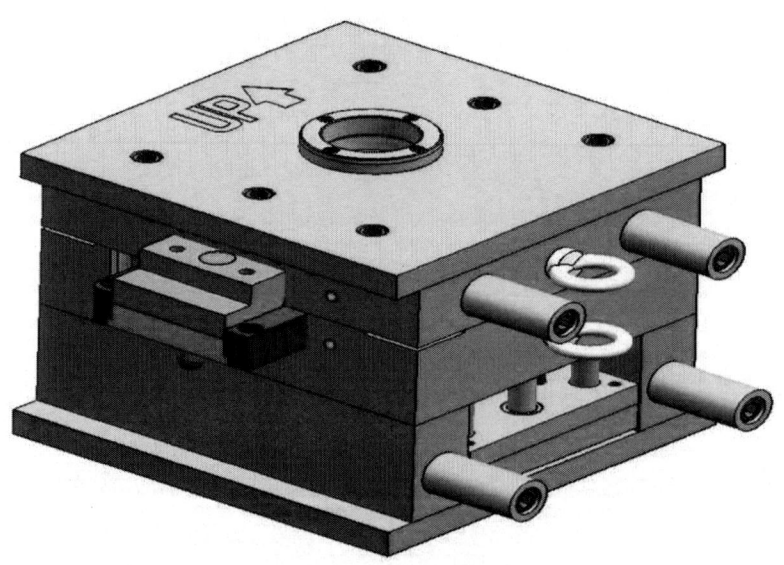

[그림1-1] 3D 몰드 베이스

(1) 표준 몰드베이스

금형의 주요 부품은 KS에 형상과 재질이 규정되어 있고, 이것을 기본으로 하여 여러 가지 기능 부품을 조립한 몰드베이스가 시판되고 있다. 이 몰드베이스를 잘 사용하면 금형의 단가 인하, 납기단축을 할 수 있다.

(가). 2단 금형 (S TYPE)

표준 몰드베이스 S TYPE의 구조와 명칭

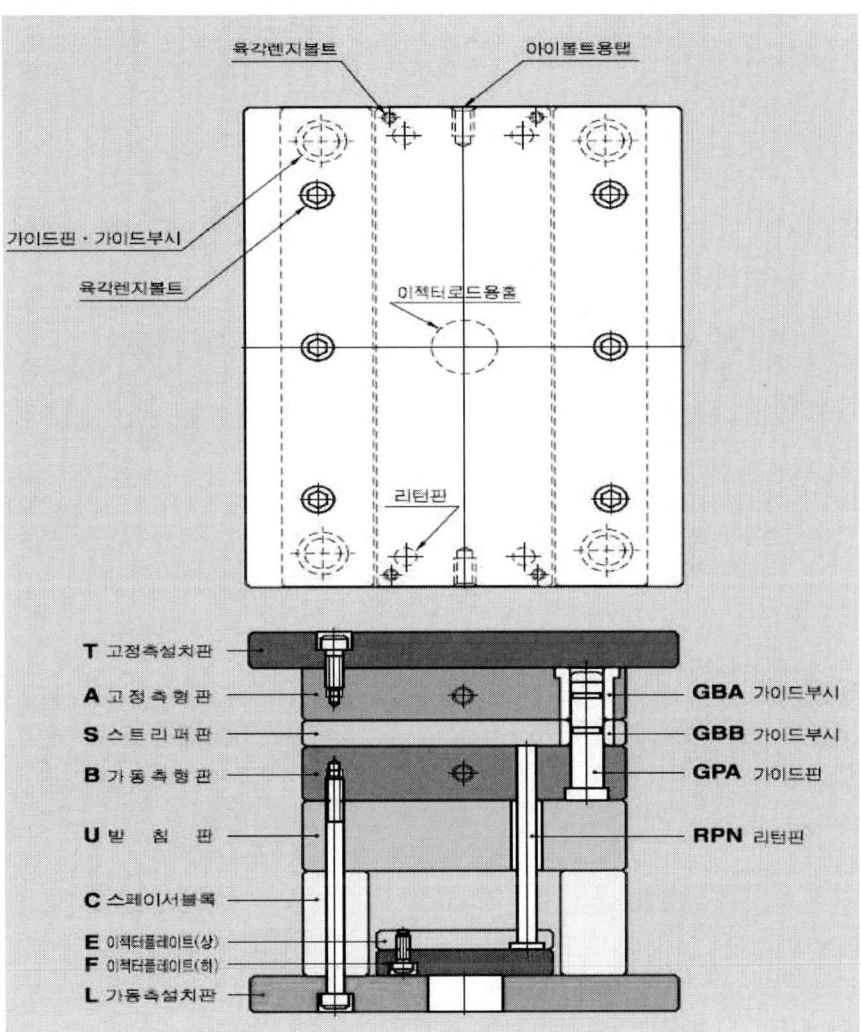

[그림1-2] 표준 몰드베이스 구조와 명칭

사출금형 제작 표준화 관리

표준 몰드베이스 S TYPE 형태

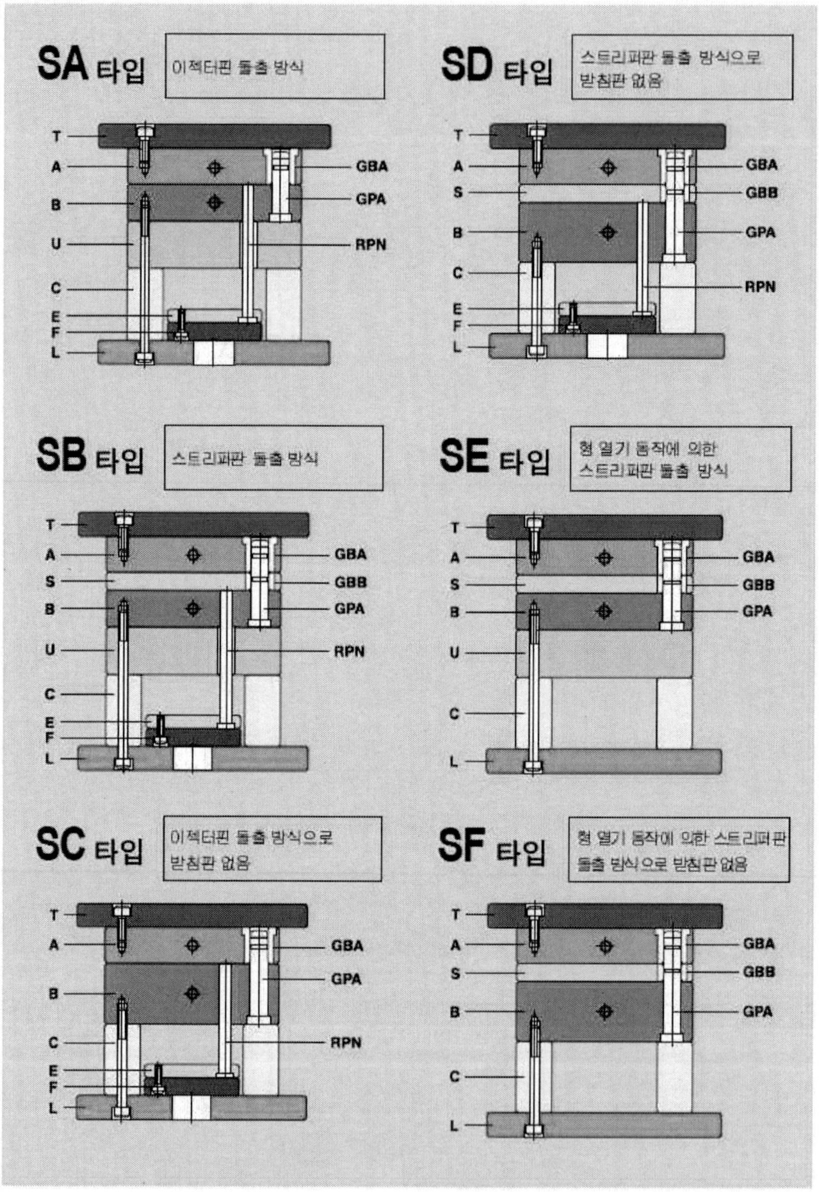

[그림1-3] 표준 몰드베이스 S TYPE

(나). 3단 금형 (D,E TYPE)
  표준 몰드베이스 D, E시리즈 구조와 명칭

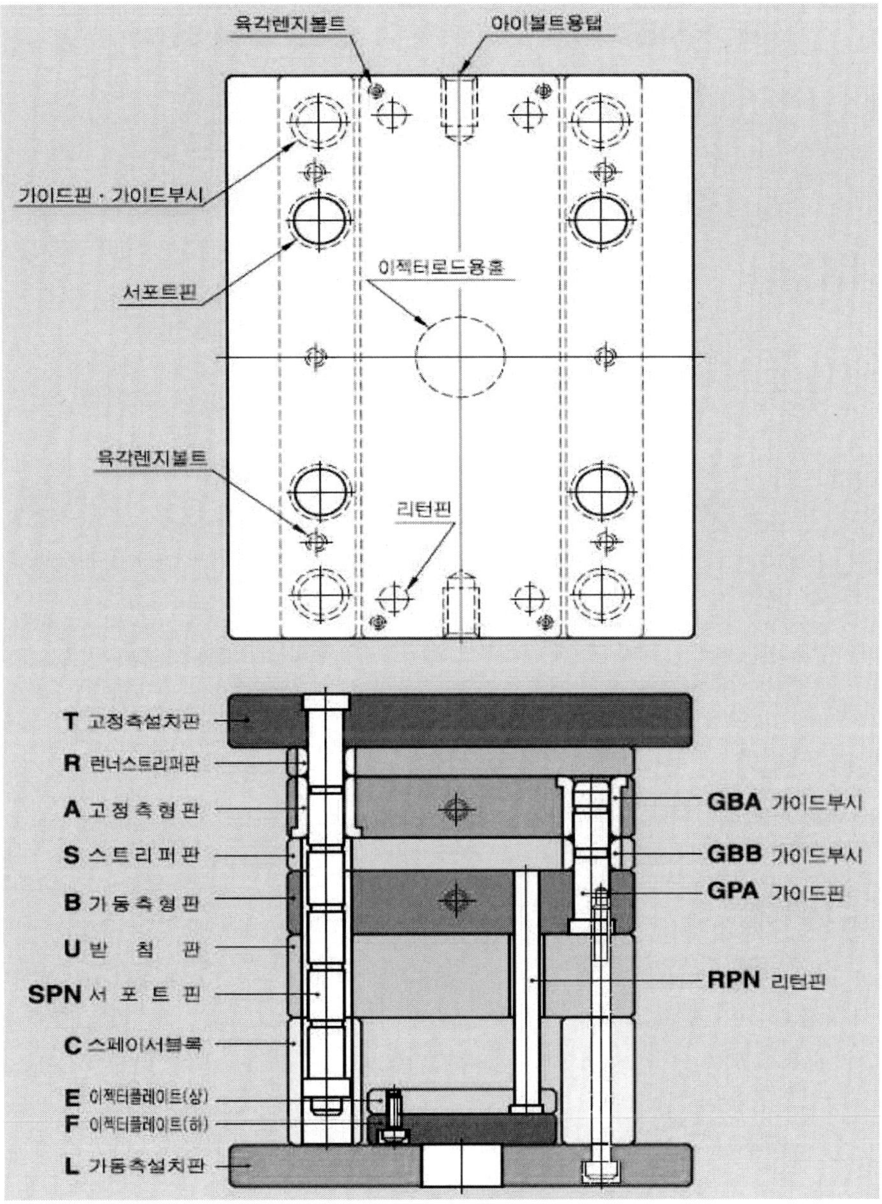

[그림1-4] 표준 몰드베이스 구조와 명칭

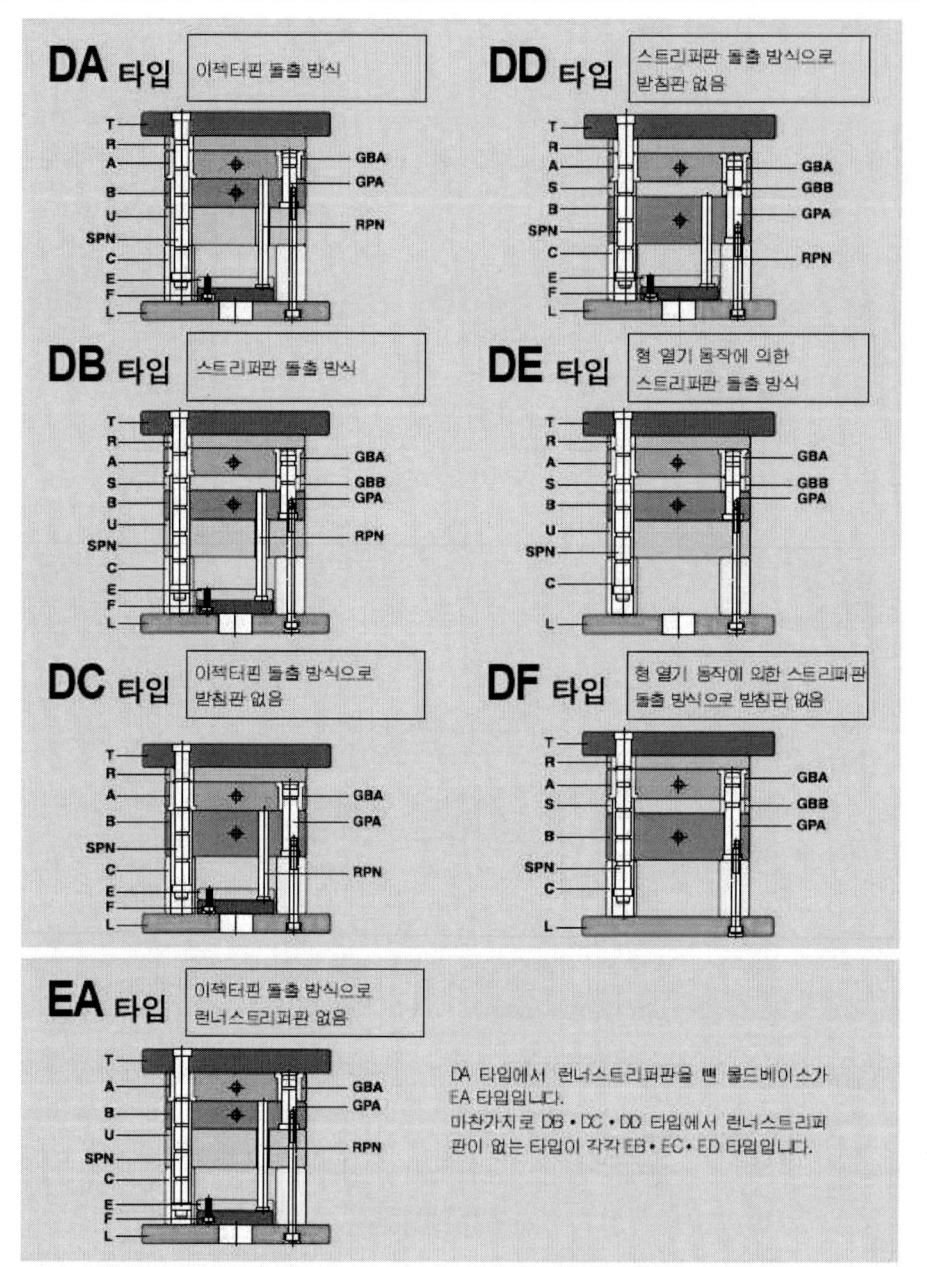

[그림1-5] 표준 몰드베이스 D, E TYPE

(2) 몰드베이스 분류 및 호칭

몰드베이스는 금형의 종류 또는 게이트(Gate) 형식 등에 따라 여러 분류방법이 있으나 일반적으로 많이 사용하고 있는 금형의 게이트 형식에 따른 사이드 게이트(Side gate type)형과 핀 포인트 게이트(Pinpoite gate type)형으로 분류하며 핀 포인트 게이트형은 러너 스트리퍼판(Runner stripper plate)이 있는 것과 없는 것으로 분류한다. 러너 스트리퍼판이 있는 형을 'D'형, 러너 스트리퍼판이 없는 형을 'E'형으로 표기한다.

또한 몰드베이스를 구성하고 있는 메인플레이트(Main plate) : 형판(고정측형판, 가동측형판, 받침판, 스트리퍼판)]의 장수에 따라 '2장형', '3장형', '4장형'으로 구분하여 아래의 <표1-1>와 같이 호칭한다.

<표1-1> 표준 몰드베이스의 형식

플레이트구성		설치판 (고정측 가동측)	메인플레이트				러너 스트리퍼판	비고 (취출방법)
			고정측 형판	가동측 형판	받침판	스트리퍼판		
사이드 게이트형 (S형)	SA형	●	●	●	●			밀핀
	SB형	●	●	●	●	●		스트리퍼판
	SC형	●	●	●				밀핀
핀포인트게이트형(런너스트리퍼판 없는것E형)	EA형	●	●	●	●			밀핀
	EB형	●	●	●	●	●		스트리퍼판
	EC형	●	●	●				밀핀
핀포인트게이트형(D)	DA형	●	●	●	●		●	밀핀
	DB형	●	●	●	●	●	●	스트리퍼판
	DC형	●	●	●			●	밀핀

사출금형 제작 표준화 관리

| 실기 내용 | - 표준화 규격에 대한 능력
- 문서 관리 및 문서 작성 능력 |

1 몰드 베이스의 가공 품질

1. 몰드베이스

일반적으로 MOLD BASE 제작 회사에서 생산할 때 재질별 판재 규격에 따른 폭 치수는 정해져 있으며, 그 규격은 회사별로 차이가 다소 있고 카다로그에도 있으나 수요량 및 원가 등의 이유로 생산하지 않는 경우도 있으니 확인 후 선택 할 필요가 있습니다.

(1) 표면 기호와 다듬질 기호

표면 거칠기의 표시 방법은 표면의 상태를 기호로 표시하면 표면 기호는 KS에 의하면 원칙적으로 표면 거칠기의 구분치, 기준길이 또는 커트 오프 값, 가공방법의 약호 및 가공 모양의 기호로 되어 있고, 그 배치는 [그림1-6]에 따른다.

다만 특별히 필요 없는 것은 생략할 수 있으며 또한 구분치 하한의 수치 및 기준길이 또는 커트 오프의 값은 필요한 경우에만 기입한다.

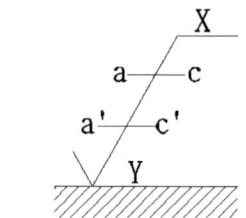

[그림1-6] 표면 거칠기 표시방법

(2) 기하공차의 정의

제품을 대량 생산함에 있어서 각 부품들의 정밀도 확보가 중요하다. 부품의 제작이나 조립을 할 때, 보다 더 정확하고 정밀한 제품이 되도록 하기 위하여 치수허용차나 표면거칠기 등과 함께 모양이나 자세, 위치 및 흔들림에 대하여 일정한 정밀도의 허용차를 붙일 필요가 있다. 도면에 표시하는 대상물의 모양, 자세, 위치 및 흔들림의 공차를 총칭하여 기하공차(GT:Geometrical tolerance)라 하며 기호에 의한 표시와 그들에 표시방법에 대하여 규정(ISO R 1101, KS B 0608)한다.

(가) 기하공차 사용에 따른 장점은 다음과 같다.
① 경제적이고 효율적인 생산을 할 수 있다.
② 생산 원가를 절감할 수 있다.
③ 최대의 제작 공차를 통하여 생산성을 올릴 수 있다.
④ 결합부품 상호간에 호환성을 주고 결합 상태를 보증할 수 있다.

⑤ 설계 치수 및 공차상의 요구가 명확하게 정해지고, 확실해진다.
⑥ 기능게이지(functional gauge)를 사용하여 효율적으로 검사, 측정할 수 있다.
⑦ 도면의 안정성과 통일성으로 일률적인 설계를 할 수 있다.

(나) 기하 공차의 용어의 뜻
  ① 형체 : 기하 공차를 적용할 대상이 되는 점, 선, 축선, 면 또는 중심면을 말한다.
  ② 공차범위 : 형체가 기하학적이고 정확한 형에서 어긋나도 되는 한계범위를 기하 공차 범위라 하고 그 값을 기하 공차라 한다.
  ③ 단독 형체 : 기하학적 기준이 되는 데이텀 없이 단독으로 기하편차의 허용 값이 정하여지는 형체로 직진도, 평면도, 진원도, 원통도 등의 편차 값을 적용할 수 있다.
  ④ 관련 형체 : 기준이 되는 데이텀을 바탕으로 허용 값이 정하여지는 형체로 평행도, 직각도, 경사도 등의 편차 값을 적용할 수 있다.
  ⑤ 데이텀 : 형체의 자세, 위치, 흔들림 등의 편차 값을 정하기 위하여 설정된 이론적으로 정확한 기하학적 기준을 말한다.
  ⑥ 데이텀 표적 : 데이텀을 설정하기 위해서 가공, 측정 및 검사장치, 기구 등에 접촉시키는 대상물 위의 점, 선 또는 한정된 영역을 말한다.
  ⑦ 데이텀 형체 : 데이텀을 설정하기 위하여 사용되는 데이텀으로 부품의 표면이나 구멍 등 대상물의 실체의 형체를 말한다.
  ⑧ 실용 데이텀 형체 : 데이텀으로 설정된 부분을 접촉시켜 기하편차를 측정할 경우에 사용하는 충분히 정밀한 모양을 갖는 정반, 맨드릴 등과 같은 실체의 표면
  ⑨ 직선 형체 : 기능상 직선이 되도록 지정한 형체
  ⑩ 축선 : 직선 형체 중 원통 또는 직육면체가 되도록 지정된 대상면의 각 횡단면에 있어서의 단면 윤곽선의 중심을 연결하는 선이다.
  ⑪ 중심 면 : 평면 형체 중 서로 면대칭이어야 할 2개의 면 위에서 대응하는 2개의 점을 연결하는 직선의 중심을 포함하는 면을 말한다.
  ⑫ 면의 윤곽 : 정하여진 모양을 갖도록 지정된 표면을 말한다.
  ⑬ 선의 윤곽 : 정하여진 모양을 갖도록 지정된 표면의 요소로서의 외형선을 말한다.

(다) 기하공차의 필요성
  아래의 그림은 구멍과 축과의 관계를 나타내는 종래의 끼워 맞춤 기호에 의한 도면이고 여기서 축은 구멍에 끼는 것으로 되어 있다. 그러나 이것만으로는 축의 왜곡이나 구부러짐에 대한 규제는 아무것도 없기 때문에 반드시 구멍에 축이 완전 조립되어 들어간다고 할 수 없다.

사출금형 제작 표준화 관리

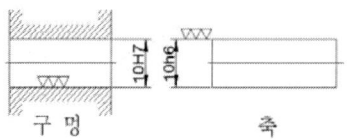

[그림1-7] 표면 거칠기 표시방법

그래서 〔그림 1-8〕과 같은 기호를 사용하여 t < 0.05mm로 해서 축 중심선의 구부러짐의 정도를 규제해 주면 축은 구멍에 들어가게 된다. 이것이 기하 공차라고 하는 것으로 축의 직진도 공차를 규제한 것이다.

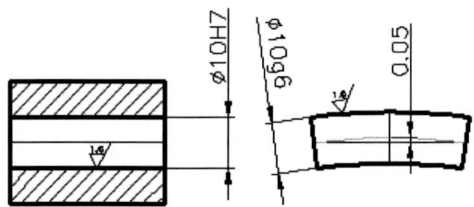

[그림1-8] 표면 거칠기 표시방법

(라) 기하공차의 종류

<표1-2> 기하공차종류 및 도시방법

적용하는 형체	공차의 종류		기 호
단독형체	모양 공차	직직도 공차	—
		평면도 공차	▱
		진원도 공차	○
		원통도 공차	⌭
단독형체 또는 관련형체		선의 윤곽도 공차	⌒
		면의 윤곽도 공차	⌓
관련형체	자세 공차	평행도 공차	//
		직각도 공차	⊥
		경사도 공차	∠
	위치 공차	위치도 공차	⌖
		동축도 공차 또는 동심도 공차	◎
		대칭도 공차	≡
	흔들림 공차	원주 흔들림 공차	↗
		온 흔들림 공차	↗↗

14

(마) 기하공차의 표시방법 중에서 몇 종류만 나열 하였다

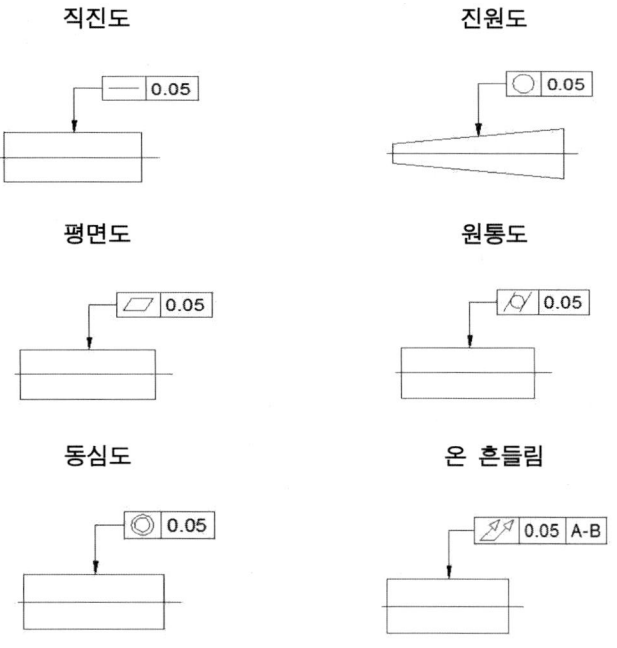

[그림1-9] 기하 공차 표시방법

(바) 기하공차의 도시 방법

① 공차 기입 틀에의 표시사항

공차에 대한 표시사항은 공차 기입 틀을 두 구획 또는 그 이상으로 구분하여 그 안에 기입한다.

기하 공차의 종류기호, 공차 값, 데이텀(기준) 기호를 기입하는 직사각형의 틀(공차기입 틀)은 필요에 따라 〔그림1-10〕과 같이 구분한다.

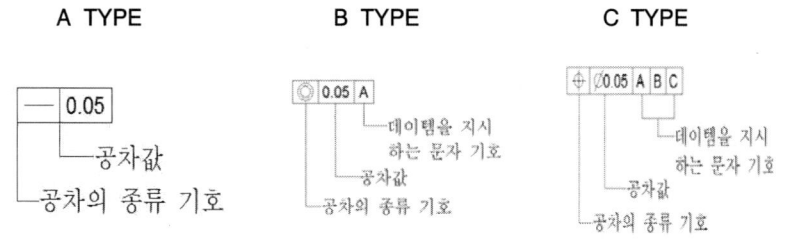

[그림1-10] 공차 기입 틀과 구획 나누기

사출금형 제작 표준화 관리

2. 형상류의 가공품질 결정하기

가공품질을 확인하기 위해서는 각 부품에 해당되는 기능에 대해서 규격을 정하고 규격에 의해서 검사를 하여야 한다. 객관적인 인증을 위해서는 국가에서 정한 기준규격에 의하여 가공품질을 결정하거나 회사 기준에 의해서 결정해야 하는데 여기서는 한국공업규격을 인용하여 가장 많이 사용하는 부품을 설명하고자 하니 학습자 여러분은 참고 하시길 바랍니다.

(1) 가이드 핀의 가공 품질
가이드 핀의 검사는 품질, 모양 및 치수에 대하여 하고, 규정에 적합하여야 한다.

(가) 가이드 핀의 호칭 방법
 가이드 핀의 호칭 방법은 규격 번호 또는 규격의 명칭, 종류 또는 그 기호, 재료 기호 및 치수(호칭 치수 X L)에 따른다.
  보기 KSB4154 STB2 ϕ20X150
  플라스틱용 금형의 가이드 핀 A형 STB2 ϕ20X150

(나) 가이드 핀의 포장에는 다음 사항을 표시하여야 한다.
  ① 규격 명칭
  ② 종류 또는 그 기호
  ③ 재료 기호
  ④ 치수(호칭 치수X L)
  ⑤ 수 량
  ⑥ 제조자 명 또는 그 약호

(다) 직각도
 가이드 핀의 직각도 측정은 아래의 표에 따른다.

측정 항목	측정 방법	측정 방법 그림	측정 기구의 적용 규격
직각도	정밀 정반 위에 가이드핀의 기준면을 밑면으로 하여 세운 후 직각 측정기로 원둘레를 따라 3곳을 측정하고 그 눈금의 최대 차를 측정값으로 한다.	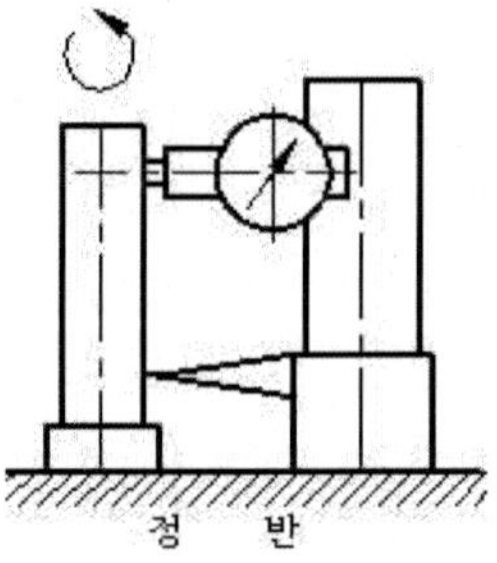	KSB5206, KSB5254에 규정한다.

[그림1-11] 가이드 핀의 직각도 측정

(라) 적용범위

이 규격은 플라스틱용 금형에 사용하는 가이드 핀에 대하여 규정한다.

(마) 인용규격

다음 나타내는 규격은 해당되는 내용을 검사하는데 필요한 규격을 나타낸 것 입니다.
KS B 0161 표면 거칠기 정의 및 표시
KS B 0501 촉침식 표면 거칠기 측정기
KS B 0806 로크웰 경도 시험 방법
KS B 0811 비커스 경도 시험 방법
KS B 5207 0.001mm 눈금 다이얼 게이지
KS B 5238 지렛대 식 다이얼 테스트 인디케이터
KS B 5425 V 블록
KS B 5525 비커스 경도 시험기
KS B 5526 로크웰 경도 시험기
KS B 3525 고탄소 크롬 베어링 강재
지금까지 인용 규격은 그 최신판을 적용해야 합니다.

(바) 가이드 핀의 종류

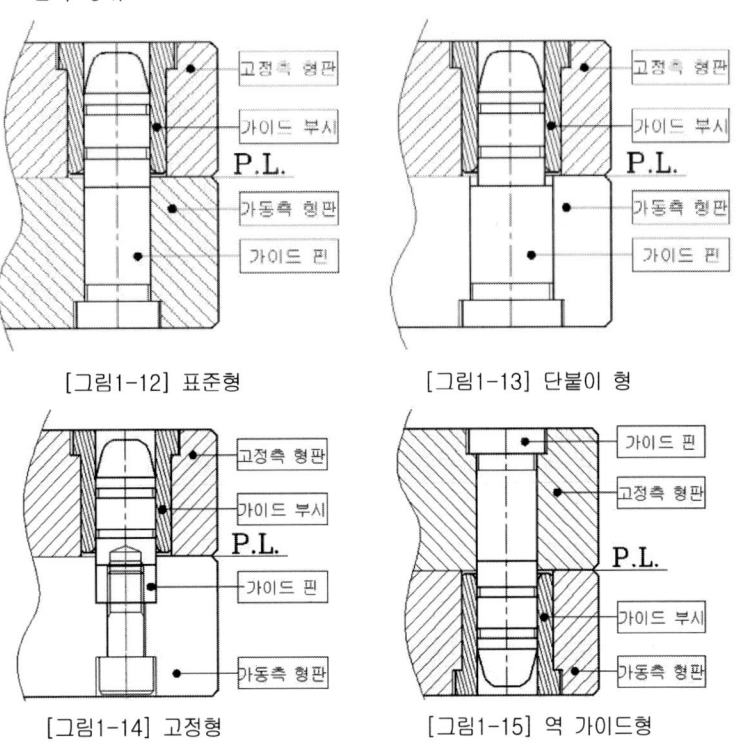

[그림1-12] 표준형   [그림1-13] 단붙이 형

[그림1-14] 고정형   [그림1-15] 역 가이드형

사출금형 제작 표준화 관리

(2) 리턴핀의 가공품질 측정
리턴 핀의 검사는 품질, 모양 및 치수에 대하여 하고, 규정에 적합하여야 한다.

(가) 리턴 핀의 호칭방법
리턴 핀의 호칭 방법은 규격 번호 또는 규격의 명칭, 종류 또는 그 기호, 재료 기호 및 치수(호칭 치수 X L)에 따른다.
보기 KSB4154 STB2 20X150
플라스틱용 금형의 리턴 핀 A형 STB2 20X150

(나) 리턴 핀의 포장에는 다음 사항을 표시하여야 한다.
① 규격 명칭
② 종류 또는 그 기호
③ 재료 기호
④ 치수(호칭 치수X L)
⑤ 수 량
⑥ 제조자 명 또는 그 약호

(다) 직각도
리턴 핀의 직각도 측정은 아래의 표에 따른다.

측정 항목	측정 방법	측정 방법 그림	측정 기구의 적용 규격
직각도	정밀 정반 위에 리턴핀의 기준면을 밑면으로 하여 세운 후 직각 측정기로 원둘레를 따라 3곳을 측정하고 그 눈금의 최대차를 측정값으로 한다.	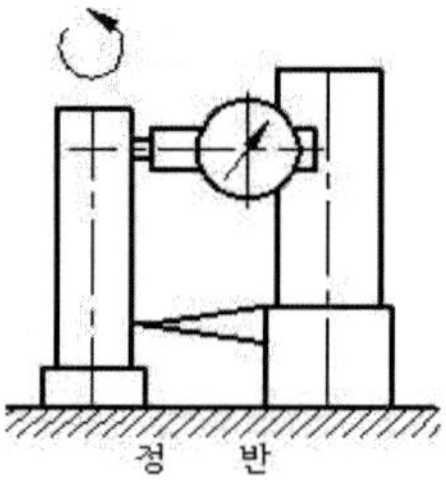	KSB5206, KSB5254에 규정한다.

[그림1-16] 리턴핀의 직각도 측정

(3) 로케이트 링 가공품질 측정

로케이트 링의 재료는 KDD3552의 S45C 또는 사용상 이것과 동등 이상의 성능을 가진 것으로 한다. 로케이트 링의 검사는 품질, 모양 및 치수에 대하여 하고, 규정에 적합하여야 한다.

 (가) 표면 거칠기

  로케이트 링의 표면 거칠기는 KSB 0501의 측정기 또는 동등 이상의 성능을 가진 측정기를 사용하여 측정한다.

 (나) 동심도

  로케이트 링의 동심도 측정은 아래의 표에 따른다.

측정 항목	측정 방법	측정 방법 그림	측정 기구의 적용 규격
동심도	V블록에 로케이트 링을 그림과 같이 올려놓고 안지름 면에 다이얼 게이지를 설치한다. 로케이트 링을 돌려서 게이지 지침의 움직임을 읽고, 그 최대차를 측정값으로 한다.	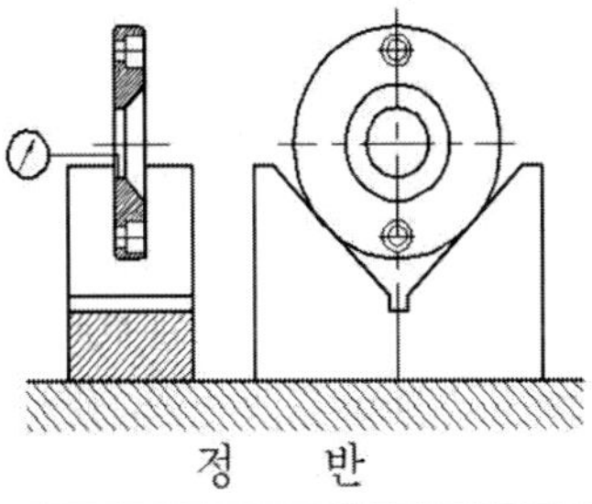	KSB5238 KSB5245

[그림1-17] 로케이트 링의 동심도 측정

 (다) 로케이트 링의 호칭 방법

  로케이트 링의 호칭 방법은 규격 번호 또는 규격의 명칭, 종류 또는 그 기호, 재료 기호 및 치수(호칭 치수 X t)에 따른다.
  보기 KS B 4156 AS45C100X15
  플라스틱용 금형의 로케이트 링 A형 S45C 100 X 15

 (라) 로케이트 링의 포장에는 다음 사항을 표시하여야 한다.
  ① 규격 명칭
  ② 종류 또는 그 기호
  ③ 재료 기호
  ④ 치수(호칭 치수X t)
  ⑤ 수 량
  ⑥ 제조자 명 또는 그 약호

사출금형 제작 표준화 관리

(4) 스프루 부시 가공품질 측정
스프루 부시의 재료는 KSD3752의 SM45C 또는 KSD3753의 SKD61 혹은 사용상 이것과 동등 이상의 성능을 가진 것으로 한다.
스프루 부시의 검사는 품질, 모양 및 치수에 대하여 하고, 규정에 적합하여야 한다.

(가) 제품의 호칭방법
스프루 부시의 호칭 방법은 규격 번호 또는 규격의 명칭, 종류 또는 재료 기호 및 치수(호칭 치수 X L X 지름)에 따른다.
  보기 KSB4157 A SKD61 16 X 60 X 2"
  플라스틱용 금형의 스프루 부시 A형 SKD61 16 X 60 X 2"

(나) 스프루 부시의 포장에는 다음 사항을 표시하여야 한다.
① 규격 명칭
② 종류 또는 그 기호
③ 재료 기호
④ 치수(호칭 치수X L XΦ)
⑤ 수 량
⑥ 제조자 명 또는 그 약호

(다) 표면 거칠기
스프루 부시의 표면 거칠기는 KSB0501의 측정기 또는 동등 이상의 성능을 가진 측정기를 사용하여 측정 합니다.

(라) 경도
스프루 부시의 경도는 KSB5526의 시험기를 사용하여 KSB0806의 시험방법에 따라 측정한다.

(마) 원주 흔들림
스프루 부시의 원주 흔들림의 측정은 아래의 측정방법에 따른다.

측정 항목	측정 방법	측정 방법 그림	측정 기구의 적용 규격
원주 흔들림	V 블록에 스프루 부시를 그림과 같이 올려놓고, 지시 머리부의 자릿며에 다이얼 게이지를 설치한다. 스프루 부시가 축 방향으로 이동하지 않도록 돌려, 다이얼 게이지 지시 눈금값의 최대차를 측정값으로 한다.	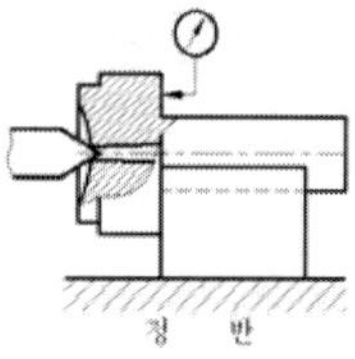	KSB5206, KSB5238, KSB5245에 규정하는 강제 1급

[그림1-18] 스프루 부시의 원주 흔들림 측정

(5) 이젝터 슬리브 핀 가공품질 측정

이젝터 슬리브핀 의 검사는 품질, 모양 및 치수에 대하여 하고, 규정에 적합 하여야 한다.

(가) 제품의 호칭방법

이젝터 슬리브 핀의 호칭 방법은 규격 번호 또는 규격의 명칭, 종류 또는 그 기호, 재료 기호 및 치수(호칭 치수 X Ø X N X L)에 따른다.
보기 KSB4159A SACM 645 Ø X Ø X N X L
플라스틱용 금형의 이젝터 슬리브 핀 SACM 645 Ø X Ø X N X L

(나) 이젝터 슬리브 핀의 포장에는 다음 사항을 표시하여야 한다.
① 규격 명칭
② 종류 또는 그 기호
③ 재료 기호
③ 치수(호칭 치수X L)
④ 수 량
⑤ 제조자 명 또는 그 약호

(다) 경도

이젝트 슬리브 핀의 경도는 KSB5525 또는 KSB5526의 시험기를 사용하여 KSB0811 또 는 KSB0806의 시험 방법에 따라 측정 합니다.

(라) 동심도

이젝터 슬리브 핀의 동심도 측정은 아래의 측정방법에 따른다.

측정 항목	측정 방법	측정 방법 그림	측정기구의 적용 규격
동심도	이젝터 슬리브 핀의 미끄럼 부 d 를 V블록으로 지지하고, d1에 적합한 둥근핀을 삽입하고, 이젝터 슬리브 끝에서 5mm이내에서 둥근 핀의 바깥 둘레에 다이얼 게이지를 대고, 1회전 지시눈금의 최대치를 측정값으로 한다.	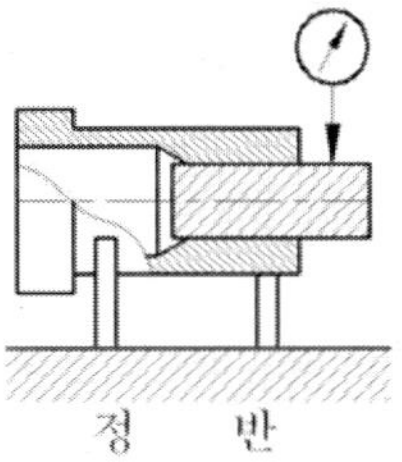	KSB5206, KSB5245에 규정하는 강제 1급

[그림1-19] 이젝트 슬리브 핀의 동심도 측정

사출금형 제작 표준화 관리

3. 금형 열처리의 기본

금형용강은 구조용강(펄라이트+페라이트)과는 다른 탄화물계의 강종(펄라이트+탄화물)이다. 따라서 탄화물의 종류, 형상 및 분포상태 등과 담금질 온도 및 유지시간이 매우중요 하므로 이를 잘 이해하는 것이 중요하다.

(1) 금형의 열처리 체질
금형은 어떻게 열처리 하는 것이 좋을까?

(가) 어떠한 열처리 체질을 갖도록 하는 것이 좋을까를 생각하면
① 잔류 오스테나이트와 잔류응력이 없고
② 완전 마르텐사이트를 뜨임하여 충분한 경도를 얻고 (HrC60이상)
③ 내열성이 있는 것이 금형에 가장 바람직한 열처리 체질이라 말할 수 있다.

<표1-3> 열처리 조건의 고려사항

종목	조건	요구특성	조건선정의 고려사항	구체적인 방법
담금질	유지온도	•내마모성 •내열성 •인성 •담금질성	•담금질성을 올려 열처리경도 증대 •탄화물 고용 촉진 •결정립 조대화 방지 •탄화물 고용촉진, 결정립성장	•담금질온도 높게(rA 주의) •담금질온도 높게 (인성저하) •담금질온도 낮게 (소입성주의) •담금질온도 높게 (인성저하)
	냉각	•인성 •균열,변형방지 •곰보 방지 •담금질성	•완전 담금질조직화 (마르텐자이트화) •균일냉각 •공기와 접촉금지 •불완전 담금질조직 저지	•급랭, 유냉 등 •열욕 담금질 (변형에 예열유효) •진공가스냉각 (진공, 분위기) •급랭, 유냉 등
뜨임	유지온도	•내마모성 •내열성 •인성	•열처리 경도 증대 •뜨임조직의 안정화 •경도를 낮추고 조직을 안정화	•저온 뜨임, 고온뜨임(2차경화) •고온뜨임 •뜨임온도 높게 (취성구역주의)
	냉각	•뜨임 균열	•균일 서냉	•서냉, 공랭 등
	회수	•인성	•조직안정화, 잔류응력저감	•2회 이상

(2) 금형재질 열처리의 종류

<표1-4> 기계구조용 탄소강

KS	열 처 리(℃)				기계적 성질						주요용도
	불림	풀림	담금질	뜨임	Y.P. (kg/mm2)	T.S. (kg/mm2)	연신율 (%)	교축 (%)	샤르피값 (kg·m/cm2)	경도 (HB)	
SM40C	830~890 공냉	-	-	-	33이상	55이상	22이상	-	-	156~217	용접 봉이음 샤프트 등
	-	750~780 서냉	830~880 수냉	550~650 급냉	45이상	62이상	20이상	50이상	9이상	179~255	
SM45C	820~870 공냉	-	-	-	35이상	58이상	20이상	-	-	167~229	크랭크축, 로드 등
	-	750~780 서냉	820~870 수냉	550~650 급냉	50이상	70이상	17이상	45이상	8이상	201~269	
SM50C	810~860 공냉	-	-	-	37이상	62이상	18이상	-	-	179~235	키,핀, 샤프트 등
	-	730~760 서냉	810~860 수냉	550~650 급냉	55이상	75이상	15이상	40이상	7이상	212~227	
SM55C	800~850 공냉	-	-	-	40이상	66이상	15이상	-	-	183~255	키,핀 등
	-	730~760 서냉	800~850 수냉	550~650 급냉	60이상	80이상	14이상	35이상	6이상	229~285	

주:Y.P.=항복점, T.S.=인장강도, HB=브리넬강도

사출금형 제작 표준화 관리

<표1-5> 탄소 공구강

KS	열 처 리(℃)			경도		주요용도
	풀림	담금질	뜨임	풀림 (HB)	담금질·뜨임 (HRC)	
STC1	750~780 서냉	790~850기름 (760~820물)	150~200 공냉	217이하	63이상	칠드 롤, 절삭공구, 면도날, 줄
STC2	750~780 서냉	790~850기름 (760~820물)	150~200 공냉	212이하	63이상	각종 절삭공구, 프라이스, 드릴, 소형 펀치, 면도날
STC3	750~780 서냉	760~820기름 (790~850물)	150~200 공냉	212이하	63이상	탭, 다이스, 톱날, 목공 공구, 게이지, 식공 공구
STC4	740~760 서냉	760~820기름 (790~850물)	150~200 공냉	207이하	61이상	목공 공구, 끌, 대형 면도날
STC5	740~760 서냉	760~820기름 (790~850물)	150~200 공냉	207이하	59이상	각인, 프레스형, 각종 공구, 목공용 톱날
STC6	740~760 서냉	760~820기름 (790~850물)	150~200 공냉	210이하	56이상	각인, 프레스형, 각종 공구, 목공용 톱날
STC7	750~780 서냉	760~820기름 (790~850물)	150~200 공냉	201이하	54이하	각인, 프레스형, 각종 공구, 목공용 톱날

단원명 1 금형부품의 표준 규격 결정하기

<표1-6> 합금 공구강

| 구분 | KS | 열 처 리(℃) | | | 경도 | | 주요용도 |
		풀림	담금질	뜨임	풀림 (HB)	담금질·뜨임 (HRC)	
절삭용 공구강	STS1	760~820 서냉	830~880 기름	150~200 공냉	229이하	63이상	절삭 공구, 냉간 인발 다이스, 브로치
	STS11	800~850 서냉	760~810 물	150~200 공냉	229이하	62이상	절삭 공구, 냉간 인발 다이스, 브로치
	STS2	750~800 서냉	830~880 기름	150~200 공냉	217이하	61이상	시어날, 탭, 드릴, 커터
	STS21	750~800 서냉	770~820 물	400~500 공냉	217이하	61이상	탭, 드릴, 커터, 톱날, 트리밍 다이
	STS5	750~800 서냉	800~850 기름	400~500 공냉	207이하	45이상	둥근 톱날, 띠톱날
	STS51	750~800 서냉	800~850 기름	150~200 공냉	207이하	45이상	
	STS7	750~800 서냉	830~880 기름	100~150 공냉	217이하	62이상	톱날
	STS8	750~800 서냉	780~820 물	150~200 공냉	217이하	63이상	톱줄, 짝줄
내충격용 공구강	STS4	750~800 서냉	830~880물 780~820기름	150~200 공냉	201이하	56이상	끌, 소형 단조형, 스냅
	STS41	750~800 서냉	850~900 기름	150~200 공냉	217이하	53이상	끌, 펀치, 스냅
	STS42	750~800 서냉	830~880 기름	150~200 공냉	212이하	55이상	끌, 펀치, 나이프, 줄눈세우기 공구
	STS43	750~800 서냉	770~820 물	150~200 공냉	201이하	63이상	끌, 콜픽헤더
	STS44	730~780 서냉	760~820 물	400~500 공냉	207이하	60이상	

사출금형 제작 표준화 관리

<표1-7> 고속도강

구분	KS	열 처 리(℃)			경도		주요용도
		풀림	담금질	뜨임	풀림 (HB)	담금질·뜨임(HRC)	
텅스텐계	SKH2	820~880 서냉	1260~1300 기름	550~580 공냉	248이하	62이상	일반 절각용, 바이트, 프라이스, 호브, 드릴
	SKH3	840~900 서냉	1270~1310 기름	560~590 공냉	262이하	63이상	Co를 첨가함으로써 SKH2보다 중절삭에 견딘다
	SKH4A	850~910 서냉	1280~1330 기름	560~590 공냉	285이하	64이상	난삭재의 절삭용 공구, 칠드 롤 율동의 절삭공구
	SKH4B	850~910 서냉	1300~1350 기름	580~610 공냉	311이하	64이상	난삭재의 절삭용 공구, 칠드 롤율동의 절삭공구
	SKH5	850~910 서냉	1300~1350 기름	600~630 공냉	337이하	64이상	난삭재의 절삭용 공구, 칠드 롤율동의 절삭공구
	SKH10	820~900 서냉	1200~1260 기름	540~580 공냉	285이하	64이상	SKH2와 SKH3의 중간 절삭 능력
몰리브덴계	SKH51	800~880 서냉	1200~1250 기름	540~570 공냉	255이하	62이상	비교적 인성을 필요로 하는 고속 중 절삭용 공구
	SKH52	800~880 서냉	1200~1250 기름	540~570 공냉	269이하	63이상	
	SKH53	800~880 서냉	1200~1250 기름	540~570 공냉	269이하	63이상	
	SKH54	800~880 서냉	1200~1250 기름	540~570 공냉	269이하	63이상	
	SKH55	800~880 서냉	1220~1260 기름	530~570 공냉	277이하	63이상	
	SKH56	800~880 서냉	1220~1260 기름	530~570 공냉	285이하	63이상	
	SKH57	800~880 서냉	1220~1260 기름	550~580 공냉	285이하	64이상	

단원명 1 금형부품의 표준 규격 결정하기

장비 및 도구, 소요재료

구 분	명 칭	규격(사양)	1대당 활용인원
장비	컴퓨터	도면 및 문서 작성 가능	1명
	프린터 및 주변기기	A3	20명
	문서작성 프로그램		1명
공구	공학용 계산기		1명
	버어니어 캘리퍼스		5명
준비물	몰드 베이스 규격 집		5명
	사출금형 부품 표준서		
소요재료	출력 용지(A0 ~ A4)		20명

안전유의사항

1. 안전유의사항

(1) 측정기 사용 시 지켜야할 안전수칙 준수
(2) 몰드 베이스의 면밀한 검토로 금형 구조를 확인 하려는 태도
(3) 금형 표준 부품의 명칭과 기능을 이해하고 숙지하여 정확히 파악 하는 태도
(4) KS규격 및 금형 표준 규격서에 의거 작성된 측정치를 관계자와 상호 협의 하는 태도

관련 자료

1. 관련 자료

 (1) ISO 규격 집
 (2) KS 규격 집
 (3) 사내표준서
 (4) 금형 부품표준서
 (5) 협력업체 규격

사출금형 제작 표준화 관리

1-2 금형부품 표준화에 따른 제조원가 계산

교육훈련 목표	• 금형제조 공정특성을 파악하여 금형부품의 사양에 따른 제조원가를 계산할 수 있다.

필요 지식	금형부품 제조공정에 따른 제조 원가계산 에 대한 지식 등

1 사출금형 제작공정

1. 사출금형 제작 공정

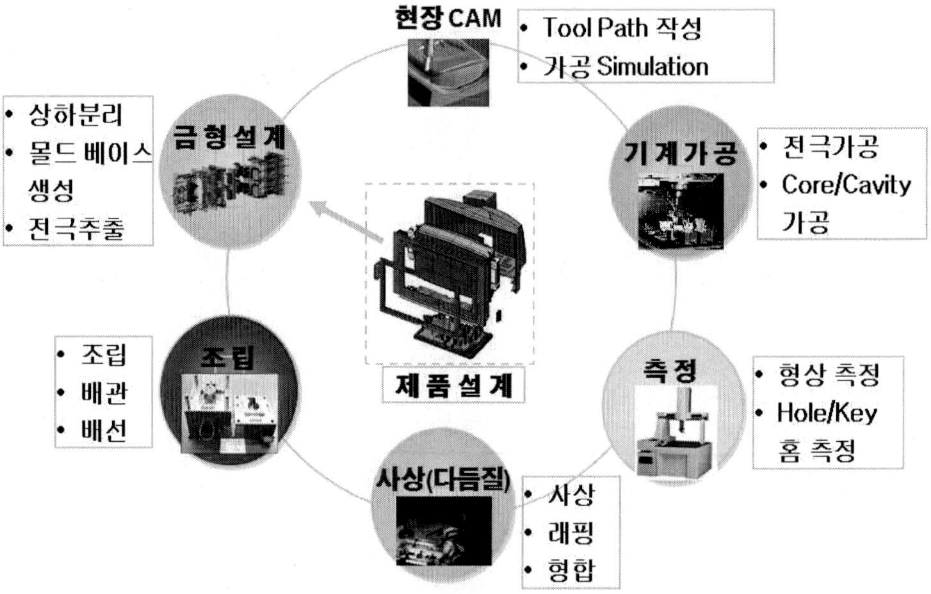

[그림1-20] 사출금형 제작 공정도

2. 사출금형설계 공정 순서 검토

<표1-8> 사출금형 설계 공정 순서

3. 원가 관리의 개요

(1) 원가 계산의 목적

　　가. 재무 재표의 작성에 필요한 원가의 집계
　　나. 원가관리에 필요한 원가재료의 제공
　　다. 이익계획의 결정 예산 편성을 위한 원가정보 제공
　　라. 경영 비교의 기초자료 제공

(2) 원가의 분류

　　가. 발생형태에 따라 : 재료비, 노무비, 경비
　　나. 제품과의 관련에 따라 : 직접비, 노무비
　　다. 조업도의 관련에 따라 : 변동비, 고정비

사출금형 제작 표준화 관리

라. 원가산출의 시점에 따라 : 과거원가, 미래원가
마. 제품제조의 전후에 따라 : 견적원가, 실제원가, 표준원가
바. 집계하는 원가의 범위에 따라 : 전부원가, 부분원가
사. 매출액과 대응관계에 따라 : 제품원가, 기간원가

(3) 원가의 3요소
   (가) 재료비
      ① 직접 재료비 : 주요 재료비, 매입 부품비
      ② 간접 재료비 : 보조 재료비, 공장 소모품비

   (나) 노무비
      ①직접 노무비 : 직접임금, 금여
      ②간접 노무비 : 간접 작업임금, 대기금, 휴업임금, 종업원상여, 퇴직금, 법정 복리다.

(4) 잡금
   (가) 제조경비
      ① 직접경비 : 특정제도비, 특정시작비, 특정특허비
      ② 간접경비 : 복리후생비, 감가상각비, 임대료, 운반비, 보험료, 조세공과, 측정경비(전력비, 가스료, 수도료), 잡비, 소모공구비, 사무용품비, 수선비, 교제비 통신비, 여비

| 실기 내용 | 사출금형 원가의 계산을 위한 원가의 종류 및 분류 방법 확인하기
금속의 비중을 이해하고 중량 계산 하는 법을 확인하기 |

1 원가 계산

1. 원가 관리

기업발전에 필요한 원가절감의 목표를 미리 정해두고 그 실시를 계획적으로 도모하는 관리 활동이다.

(1) 원가의 분류

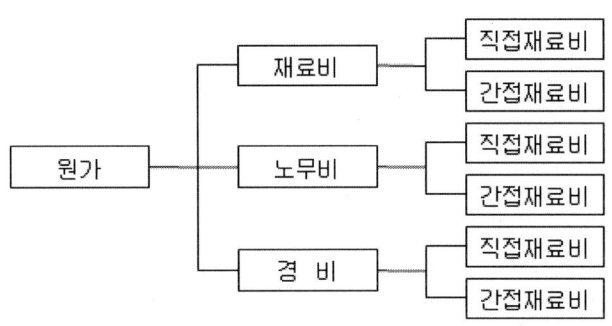

<표1-9> 원가의 분류

원가관리를 위해서는 원가의 총액 또는 제품 1개당 원가를 아는 것이 중요하며 원가별 또는 발생순서의 의해 세분해서 파악할 필요가 있으나 여기서는 일반적인 분류 방법에 대해 설명한다.

(2) 원가의 3요소

원가의 발생 형태에 따라 재료비, 노무비, 경비로 분류한 것으로 이를 원가의 3요소라 부르고 있다.

(가) 재료비

제품을 제조하는데 사용한 재료에 의해 발생하는 비용으로 금형의 경우 몰드베이스 (Mold Bace)부품 등이 이에 해당되며 원재료비, 주재료비, 구입부품비 등으로 구분한다.

(나) 노무비

제품제조에 종사하는 종업원의 노동용역에 대한 댓가로 발생되는 원가로서 급여, 상여금, 직책수당, 잔업수당, 법정복리비, 퇴직금 등이 이에 속하며 직접비와 간접비로 구분한다.

(다) 경비

　일반적으로 재료비, 노무비 이외에 제조비용으로 전력비, 수도료, 감가상각비 등이 이에 속한다.

(3) 직접비와 간접비

　어느 제품에 얼마만한 비용이 소비되었는가를 직접 계산할 수 있는 경우를 직접비라 하고 각 제품별로 얼마씩 소비되었는지를 계산할 수 없는 경우를 간접비라 하는데 이는 원가의 추적용이성에 따라 분류하는 것이다.
　직접비는 각 제품별로 직접 계산하거나 간접비는 직접 계산할 수가 없으므로 별도의 배부기준을 결정한 후 이 기준에 따라 계산한다.

(가) 직접원가

　직접재료비, 직접노무비, 직접경비의 합계로서 원가계산을 하려고 하는 특정제품에 직접 부과하여 산출한다.

(나) 제조원가

　직접원가에 제조 간접비(간접재료비, 간접노무비, 간접경비의 합계액)를 합한 비용으로 특정제품의 원가 계산 시는 배부기준에 따라 계산하여 산출한다.

(다) 총원가

　제품의 제조 및 판매를 위해 소비된 원가를 말하며 제조원가에 판매비 및 일반관리비를 합하여 계산한다. 판매 및 일반관리비라 함은 판매원의 급료, 광고 선전비, 포장비, 발송비, 교제비, 임원 및 사무직원의 급여 및 수당 등을 말한다. 판매 및 일반관리비는 보통 가공비의 몇 %를 곱해서 계산하는 공통비로 취급되고 있으나 분류 항목 중 일부는 계산 기준을 설정 운영할 수 있다. 예를 들면 수주생산의 경우 포장비, 운반비 등은 직접 부 과할 수 있는 경우이다.

2. 재료비 계산

(1) 몰드 베이스의 각 부품별 재료비 계산

　(가) 2단 금형 몰드 베이스 형상

[그림1-21] 몰드베이스의 투명형상도

(나)몰드베이스 규격도면 : 20 25 SC 50 60 70 = 1SET

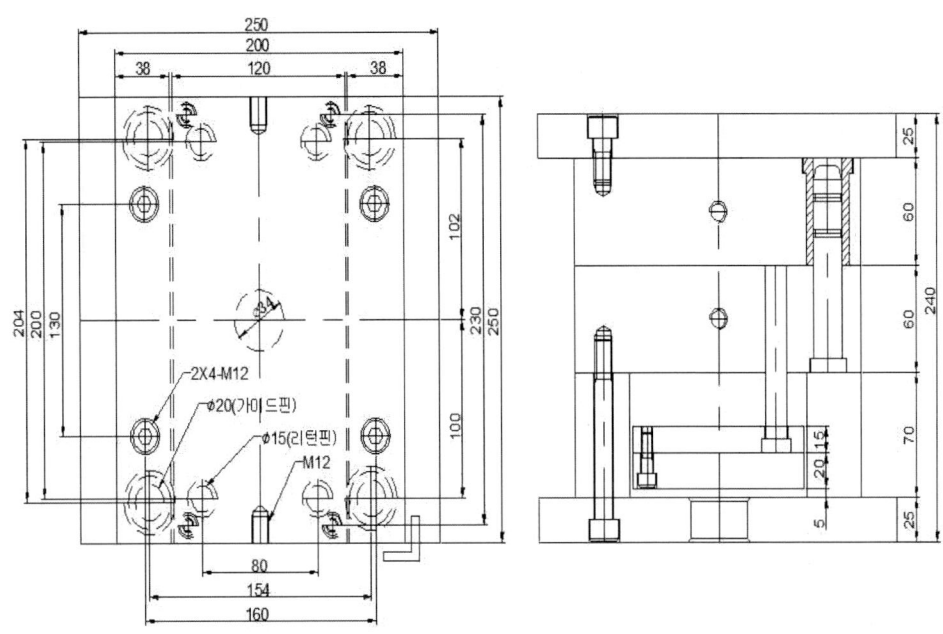

[그림1-22] 몰드베이스의 2D 조립도면

(다) 재료비 계산법
① 사출금형에서 재료의 중량을 계산하는 공식은 다음 식에 의해서 구해진다.
 - 사각 소재 : 가로 X 세로 X 높이 X 비중 = 중량(Kg)
 - 원형 소재 : 반지름 X 반지름 X 3.14 X 비중 = 중량(Kg)
  (단위 : mm)

② 일반 금속의 비중
비중이란?
어떤 물체의 단위 중량과 순수한 물 4°C일 때 단위 중량의 비를 말하며 순수 한 물 4°C일 때 물의 비중은 1.00이다.

사출금형 제작 표준화 관리

<표1-10> 금속의 비중표

원소기호	금속명	비중
Al	알루미늄	2.7
Ag	은	10.5
Au	금	19.3
Cu	구리	8.96
Fe	철	7.87
Mg	마그네슘	1.74
Mn	망간	7.4
Pb	납	11.34
Zn	아연	7.13
Sn	주석	7.3
C	탄소	2.2
Be	베리늄	1.8

③ 일반 플라스틱의 열적 비중

<표1-11> 플라스틱 재료 비중표

	비중	비열 J/g ℃	열전도율 W/m ℃	선 팽창계수		(Tg) 유리 전이점 [℃]	융점 [℃]
				비강화 10^{-5}/℃	GF30% 10^{-5}/℃		
PA 6	1.14	2	0.2~0.3	8~15	2.2~3.0	30~50	219~226
PA 66	1.14	2	0.2~0.3	8~10	2.5~3.0	50~65	259~265
POM	1.42	1.5	0.05~0.2	8~12	2~4	-50~-60	163~180
PC	1.20	1.3	0.2~0.3	6~7	2~3	150~156	-
PPE	1.06		0.2	6~7	2.5~3.5	140~150	-
PBT	1.31	1.2	0.1~0.2	8~10	2~3	20~25	224~228
PET	1.35		0.3	-	3~5	67~71	254~260
Fe	7.4		80	1.2			-
Al	2.7		237	2.4			-

(라) 일반 재료별 단가

<표1-12> 금형 재질별 단가표

금형 재질	재료 단가			결재 조건	생산 업체	직 거래처	비 고
	소재비	Cutting가	계				
S 45C	660		1,340		Posco/INI Steel/동국	영등포 특수강 (M/Base)	
S 55C	1,320		2,000				
KP 1	1,630	680	2,310				2차 대리점
KP 4	2,155		2,835	어음 지급 기준	두산 중공업 (구 한국중공업)	한림	
KP 4M	2,480		3,160			대신	
NAK 80	9,350	-	9,350				
SKD 61	6,300	-	6,300				
Cu (동)	6,000	-	6,000		풍산		
흑연	40	-	40				

주서 : 금형재료의 단가는 지역별 구매업체별로 각기 다르기 때문에 소재별 평균적인 가격으로써 학습자들은 참고만 하시길 바랍니다.

(2) 부품별 소재의 중량 계산

<표1-13> 금형 부품별 중량 계산표

명칭	수량	재질	규격(mm)	중량(Kg)
상고정판	1EA	SM45C	t25X250X250	12.187
상원판	1EA	SM45C	t60X200X250	23.4
하원판	1EA	SM45C	t60X200X250	23.4
다리	2EA	SM45C	t38X70X250	10.374
상밀판	1EA	SM45C	t13X120X250	3.042
하밀판	1EA	SM45C	t15X120X250	3.51
하고정판	1EA	SM45C	t25X250X250	12.187

EX) 상고정판 중량 계산 예시
(25 X 250 X 250 X 7.8) / 1,000,000 = 12.178(Kg)

(3) 재질별 중량으로 재료비 계산

사출금형에 사용되는 금속재료에 발생하는 원가이다. 금속재료를 구입을 해도 모두가 제품을 생산하기 위해 쓰이는 것은 아니다. 일부는 재고로 남을지도 모르고 제품을 생산하는 이외의 용도로 사용될지도 모른다. 금형을 만들기 위해 사용된 금속 재료만이 원가에 포함되고 또한 재료비로 계산되어진다.

사출금형 제작 표준화 관리

(가) 재료비 계산
사각재료 중량 : 사용 재료의 비중 X 가로 X 세로 X 높이
중량당 재료비 : 재료의 중량(Kg)X 재료의 단가(원/Kg) 으로 나타낸다.
 EX) 사출금형에서 상원판의 재료비를 구해 보면 아래와 같다
 상원판의 규격 : t60 X 250 X 250
 SM45C의 단가 : 1,450(원/kG)
 중량 : 60 X 250 X 250 X 7.8 /1,000,000 = 23.4(Kg)
 재료비 : 23.4(Kg) X 1,450(원) =33,930(원)
 이때 33,3930원의 재료비는 가공비을 제외한 순수한 재료 중량에 대한 금액만 계산됨

(나) 재료의 중량
사출 금형에 사용되고 있는 여러 가지의 금속재료의 무게를 말하며 중량을 구하는 계산식은 재료의 부피 X 비중으로 나타낸다.
다음은 간단히 여러 재질의 중량을 구하는 식을 표시하면 아래와 같다.
[단위는 : mm]
①판재(사각형) : 가로 X 세로 X 길이 X 비중 /1,000,000 = 중량(kg)
②환봉(원형) : 반지름X반지름X3.14X길이X비중/1,000,000 = 중량(kg)
③파이프 : 외경-두께 X두께X3.14X 비중/1,000,000 = 중량(kg)
④육각형 : 맞변X맞변X길이X0.86603X밀도/1,000,000 = 중량(kg)

(다) 비철 금속의 중량을 구하는 공식의 예
①알루미늄 봉—반지름 x 반지름 x 3.14 x 2.7 x 길이(mm)
②황동 봉—반지름 x 반지름 x 3.14 x 8.5 x 길이(mm)
③동 봉 —반지름 x 반지름 x 3.14 x 8.9 x 길이(mm)
④인청동 봉—반지름 x 반지름 x 3.14 x 8.9 x 길이(mm)
⑤베릴륨동 봉—반지름 x 반지름 x 3.14 x 8.9 x 길이(mm)
⑥크롬 봉— 반지름 x 반지름 x 3.14 x 8.9 x 길이(mm)
⑦알루미늄 판— 가로 x 세로 x 두께 x 2.7 x 길이(mm)
⑧황동 판—가로 x 세로 x 두께 x 8.5 x 길이(mm)
⑨동 판 — 가로 x 세로 x 두께 x 8.9 x 길이(mm)
⑩인청동 판—가로 x 세로 x 두께 x 8.9 x 길이(mm)
⑪베릴륨동판—가로 x 세로 x 두께 x 8.9 x 길이(mm)
⑫크롬 판—가로 x 세로 x 두께 x 8.9 x 길이(mm)
▶ 예를 들면 일반적으로 금형 무게를 구할 때는
가로(mm)X세로(mm)X높이(mm)X비중/1,000,000 = kg 단위의 금형 중량이 계산됨.
g일 경우는 나누기 1,000을 하면 됩니다.

단원명 1 금형부품의 표준 규격 결정하기

통상적으로 금형 제작 시 재질에 대한 비중은 7.85를 적용하고 있습니다.
(일반적인 탄소강은 7.85임)
예를 들어 가로 350 X 세로 400 X 높이 320 (단위 mm) 의 금형 무게는
350 X 400 X 320 X 0.00000785 (반올림 하여 0.000008)
350 X 400 X 320 X 0.000008 = 358.4kg 중량 계산

장비 및 도구, 소요재료

구 분	명 칭	규격(사양)	1대당 활용인원
장비	컴퓨터	도면 및 문서 작성	1명
	프린터 및 주변기기	A3	20명
	문서작성 프로그램		1명
공구	공학용 계산기		1명
	버어니어 캘리퍼스		5명
준 비 물	금속 비중표		1명
	사출금형 부품 표준서		5명
	몰드 베이스 규격 집		
소요재료	출력 용지(A0 ~ A4)		20명

안전유의사항

1. 안전유의사항
(1) 측정기 사용 시 지켜야할 안전수칙 준수
(2) 몰드베이스의 면밀한 검토로 금형 구조를 확인하려는 태도
(3) 금형 표준부품의 명칭과 기능을 이해하고 숙지하여 정확히 파악하는 태도
(4) KS규격 및 금형 표준 규격서에 의거 작성된 측정치를 관계자와 상호 협의하는 태도
(5) 체계적인 관리 노력 및 기술 기준 준수 노력을 하려는 태도

관련 자료

1. 관련 자료
 (1) ISO 규격 집
 (2) KS 규격 집
 (3) 사내표준서
 (4) 금형 부품표준서
 (5) 협력업체 규격

사출금형 제작 표준화 관리

단원명 1 교수방법 및 학습활동

교수 방법

■ 강의법 · 토의법 · 목표도달학습

사출금형 제작 표준화 관리에서 각 금형부품의 명칭과 기능을 확인방법, 금형부품의 재료에 대한 열처리 확인방법, 그에 따른 제조원가 계산법을 설명한 후 토의 하고, 각각의 예를 들어 설명함으로서 학습자들이 스스로 학습 목표에 도달할 수 있도록 유도한다.

학습 활동

■ 강의법

학생이 교사에게 집중하고, 교사가 수업의 주도권을 쥘 수 있으므로 학습내용 중 중요한 부분은 강의법을 이용하여 학습한다.

■ 토의법

사출금형 제작 표준화관리에서 금형부품의 명칭과 기능 및 각 부품의 열처리에 관한 특이 사항 등을 5인 1조로 편성된 그룹별로 토의 한 후 토의된 자료를 발표하고 발표한 내용에 대해서 동료 학생 또는 교사와 질의 응답시간을 가진 후 학습결과를 정리하는 방법으로 수업을 진행한다.

■ 목표도달 학습법

학습을 여러 작은 단원(세부 단원별)으로 나누어 실시하고, 각 단원마다 학습종료 후 학습결과를 진단하고, 진단결과가 미흡하거나 불완전하면 다시 반복 학습하여 성취도를 향상시키면서 완전 성취여부를 확인하는 방법으로 학습한다.

단원명 1 금형부품의 표준 규격 결정하기

단원명 1 평가

평가 시점

- 사출금형 제작 표준화 관리 중 금형부품의 표준규격 결정하기에서 몰드베이스의 기본구조와 표준부품 명칭의 이해는 교육 중 질의응답으로 평가 하고, 가공품질을 결정하기 위해 기하공차와 부품기능의 이해는 교육내용을 순서에 따라 교육실시 하면서 교육 중 질의응답과 단원 교육 종료 시 구두 발표를 통해 개인별 평가한다.

평가 준거

평가자는 피평가자가 수행 준거 및 평가 내용에 제시되어 있는 내용을 성공적으로 수행할 수 있는지를 평가해야 한다. 평가자는 다음 사항을 평가해야 한다.

평가영역	평가항목	성취수준		
		우수하다	보통이다	미흡하다
1. 금형부품의 표준규격 결정하기	1.1 금형부품의 기능 및 재료열처리사양 선정할 수 있다.			
	1.2 금형부품 표준화에 따른 제조원가를 확인할 수 있다.			

평가 방법

평가영역	평가항목	평가방법
1. 금형부품의 표준규격 결정하기	1.1 금형부품의 기능 및 재료열처리사양 선정할 수 있다.	질의응답 및 구두 발표
	1.2 금형부품 표준화에 따른 제조원가를 확인할 수 있다.	

사출금형 제작 표준화 관리

피드백

1. 문제해결 시나리오
   - 문제 해결 진행 과정 중 필요시마다 피드백을 제공하여 문제 해결을 용이하게 한다.

2. 사례연구
   - 사례연구 결과를 모든 학습자들끼리 공유하여 확인 학습할 수 있도록 데이터화 하여 제시
   - 제출한 내용을 평가한 후에 수정 사항과 주요 사항을 표시하여 다음 수업 시작 시간에 확인 설명

3. 구두발표
   - 발표 과정마다 오류 사항과 주요 사항을 점검하여 조정한 후 설명

평가 문제

1. 사출금형의 기본 구조를 검토한 후 S TYPE, D TYPE의 종류에 대해서 설명하시오.

2. 몰드베이스의 가공품질에 표기된 기하공차의 종류에 대해서 설명하시오.

단원명 1 금형부품의 표준 규격 결정하기

3. 원가계산의 목적과 원가의 3요소에 대해서 설명하시오.

4. 재질별 비중을 검토한 후 사각, 원형 소재의 중량을 구하는 공식에 대해서 설명하시오.

5. 2매 구성 금형의 특징에 대해서 설명하시오.

6. 3매 구성 금형의 특징에 대해서 설명하시오.

사출금형 제작 표준화 관리

7. 슬라이드 코어(SLIDER CORE)가 사용되는 목적에 대해서 설명하시오.

8. 리턴 핀의 역할에 대해서 설명하시오.

단원명 2 표준 규격 문서화하기

단원명 2 표준 규격 문서화하기(15230210_14v2.2)

2-1 금형 표준부품 도면작성 및 분류

교육훈련 목표
- 표준 금형의 형상과 제작 사양을 정리하여 국제규격에 맞도록 금형 표준부품 도면을 작성할 수 있다.

필요 지식   금형 표준 부품도면의 설계에 대한 지식

1 금형설계의 요건

성형품설계란 아이디어를 구체화하는 첫걸음이고, 금형설계 및 제작은 아이디어를 대량 생산화 하는 수단이다. 따라서 성형품 설계와 금형 설계는 매우 밀접한 관계가 있다. 그러므로 성형품 설계자와 금형 설계자 간의 자세한 검토와 확인이 그 무엇보다 필요하고 트러블이 발생하지 않도록 금형제작 계획을 세우고 순서에 따라 작업을 진행해야 한다.

1. 금형설계에 대한 지식

(1) 최적의 금형을 설계하기 위하여 금형 설계 시에 특히 유의해서 생각해야 할 사항.
   (가) 성형품 디자인의 특색이 살려지고, 또한 기능을 충분히 수용할 수 있는 치수 정밀도를 가진 성형품이 되도록 한다.
   (나) 성형품의 후가공이 불필요한 금형이 되도록 한다.
   (다) 성형 Cycle이 짧으며 변형을 일으키지 않고 또한 Gate, Runner의 제거가 용이하며 성형능률이 좋은 금형이어야 한다.
   (라) 마모 손상이 적고 장시간의 운전에 견디며, 고장이 적은 금형 이어야 한다.
   (마) 금형의 제작기간이 짧고, 가격이 싼 구조가 되도록 설계한다.

(2) 금형설계 시 사전 검토 사항
   (가) 사출성형기의 사양 검토, 사출용량, 사출압력, 형체력, 형제 Stroke, Tiebar 간격, 최소, 최대형 Size, Eject Hole 위치, Clamp 위치 등
   (나) 사용 수지의 검토
      ① 성형재료의 종류 (결정성, 비결정성), 수축률, 특성, 어떠한 충전재가 배합되었는가?
   (다) 제품 디자인에 어떠한 문제가 있는가?
      ① 제품의 형상 및 구조, 두께, 코너R, Under cut, 구배

사출금형 제작 표준화 관리

(라) 어떠한 금형 구조로 하겠는가?
① Parting Line
② Cavity 및 Core의 형상
③ Under cut 처리 방법
④ 제품의 수량(Cavity)수, Cavity배열
⑤ Gate 위치(1점, 2점)
⑥ 냉각 System
⑦ Ejecting 방법
⑧ 금형재질과 표면처리 방법
⑨ 금형부품 가공성

(마) 제품에는 어떠한 2차 가공이 필요한가?
① 도장하는 제품이면 도장의 경계선, 초음파가공이면 융착면에 접합부분의 형상이 적당한가?

(바) 성형방법에 어떠한 문제가 있는가?
① 제품의 외관이나 치수정밀도, 성형 사이클(고속도 성형)등에 대하여 특히 요구 되는 것.

실기 내용   금형 표준 부품도면을 작성할 수 있는 금형설계에 대한 지식

1 금형도면 작성

1. 금형 도면

(1) 조립도

조립도는 측면조립도와 평면 조립도로 구분되어 지며, 사상조립 작업자는 이 도면을 보면서, 제품의 파팅면이 어디에 위치하고 있는지, 어떤 구조로 설계되어 있는지 확인할 수 있어야 한다.

슬라이드를 사용했다면 슬라이드의 구조와 작동에 관련된 내용 또한 검토가 가능하여야 한다. 부품 도면을 살펴보면 취출의 구조는 이젝터 핀을 사용했으며, 게이트의 구조는 사이드 게이트를 사용한 것을 확인할 수 있다.

금형의 고정측과 가동측을 가이드 핀과 가이드 부시를 사용하여 가이드를 시키는 구조로 되어있으며, 분할 상·하 코어를 사용하여 설계되고 제작된 것을 확인할 수 있다.

(2) 부품도

(가) 고정측 부품도

로케이트 링, 스프루 부시, 고정측 설치판, 러너 스트리퍼판, 고정측 형판, 고정측 인서

트 코어, 가이드 핀 부시, 각종 볼트, ○-RING, 러너 록 핀, 써포트 핀, PL 록크, 필러 볼트 및 각종 볼트 등

(나) 가동측 부품도

 가동측 형판, 받침판, 스페이스 블록, 이젝터 플레이트(상), 이젝터 플레이트(하), 스트리퍼 플레이트, 이젝터 핀, 스프루 록 핀, 리턴 핀, 가동측 설치판, 스톱 핀, 가이드 핀, 리턴 스프링, 써포트 카라, 인장 봉, ○-RING, 각종 볼트 등

2. 상평면도

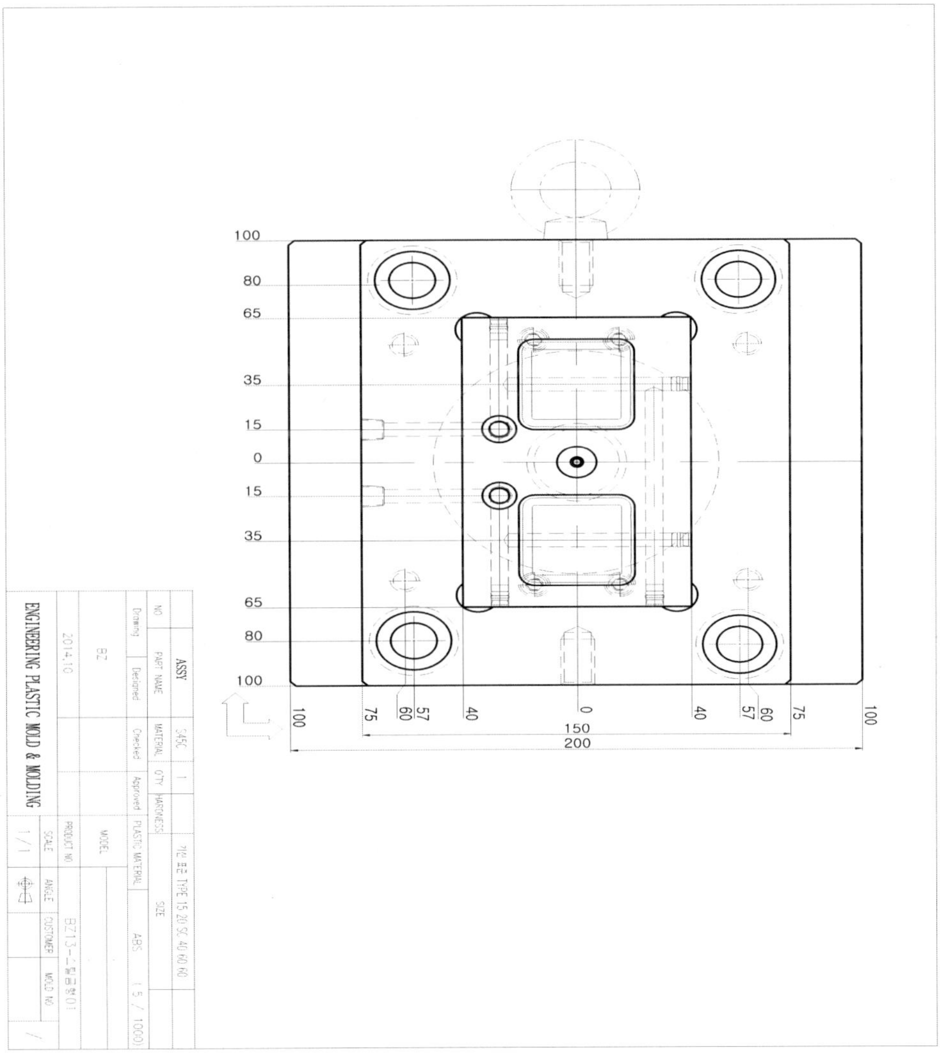

[그림2-1] 상평면 조립도

사출금형 제작 표준화 관리

3. 하 평면 조립도

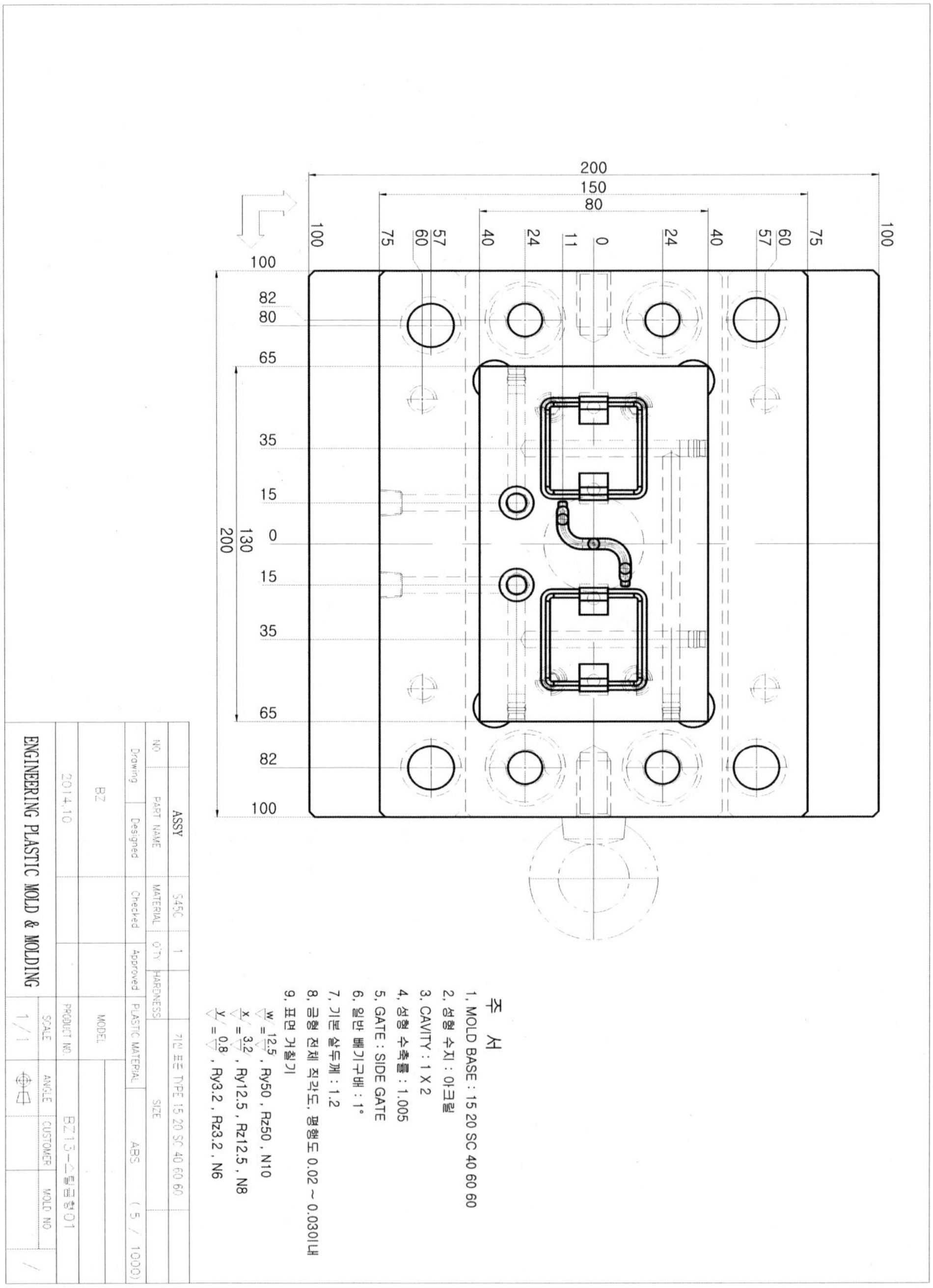

주 서
1. MOLD BASE : 15 20 SC 40 60 60
2. 성형 수지 : 아크릴
3. CAVITY : 1 X 2
4. 성형 수축률 : 1.005
5. GATE : SIDE GATE
6. 일반 빼기구배 : 1.2
7. 기본살두께 : 1.2
8. 금형 전체 직각도, 평행도 0.02~0.03이내
9. 표면 거칠기
   W = 12.5, Ry50, Rz50, N10
   X = 3.2, Ry12.5, Rz12.5, N8
   Y = 0.8, Ry3.2, Rz3.2, N6

[그림2-2] 하 평면 조립도

4. 단면 조립도

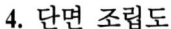

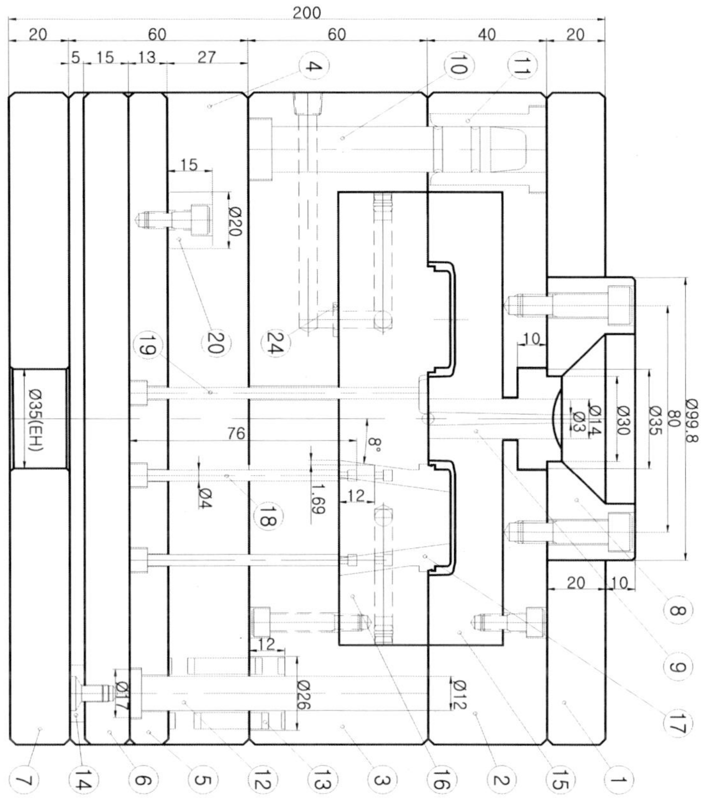

[그림2-3] 단면 조립도

사출금형 제작 표준화 관리

5. 상 코어

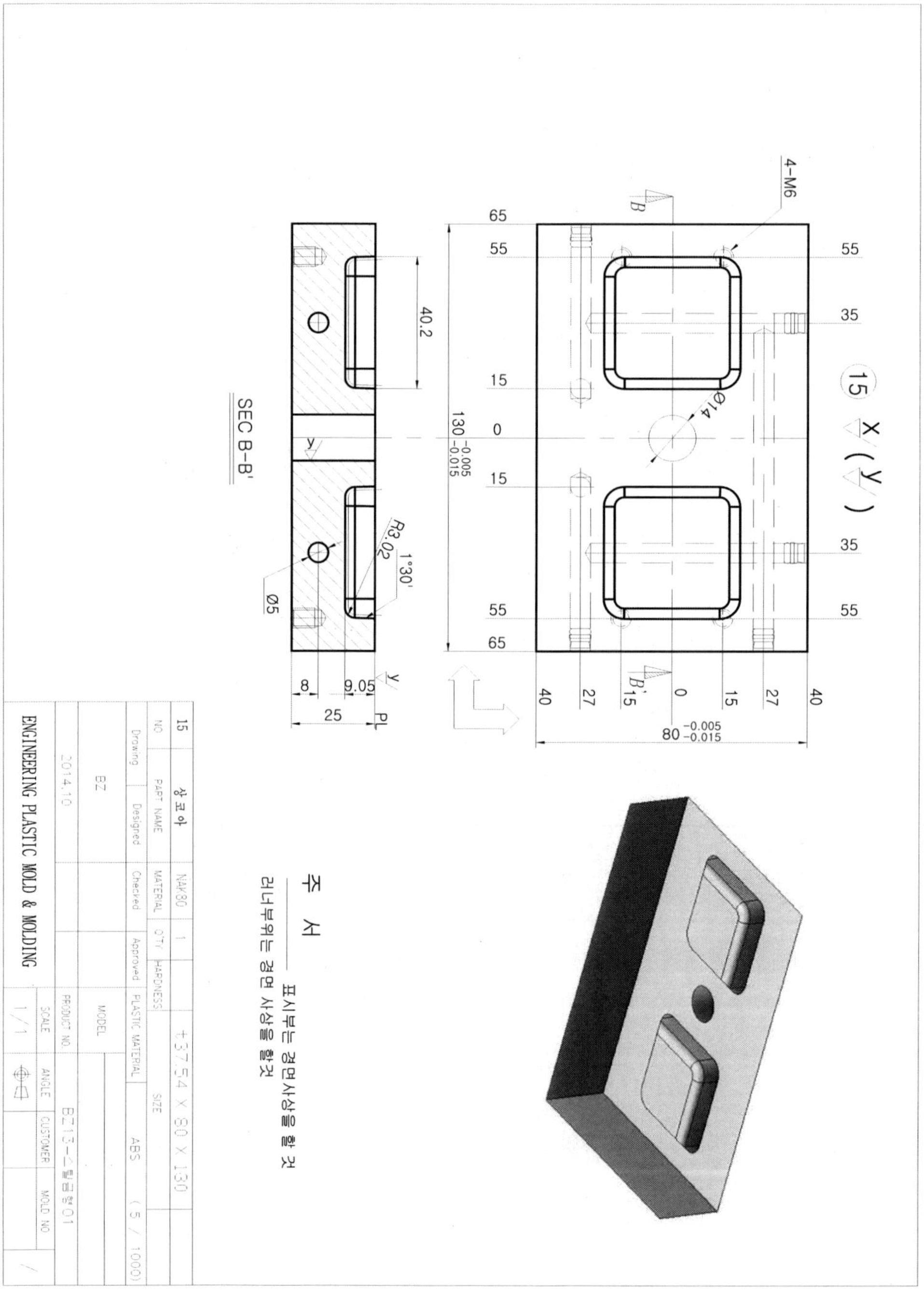

[그림2-4] 상 코어

6. 하 코어

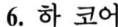

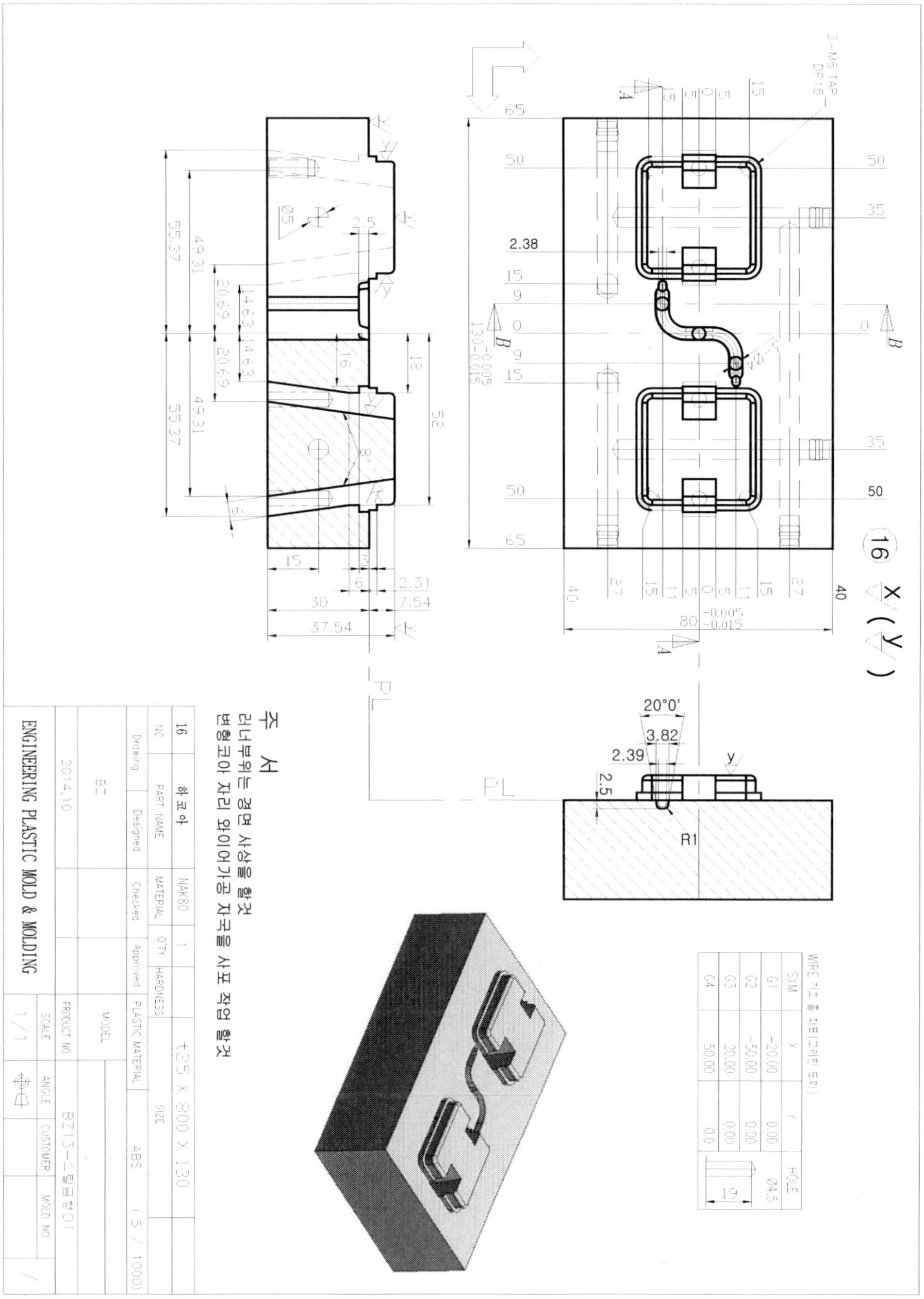

[그림2-5] 하 코어

사출금형 제작 표준화 관리

7. 변형 코어

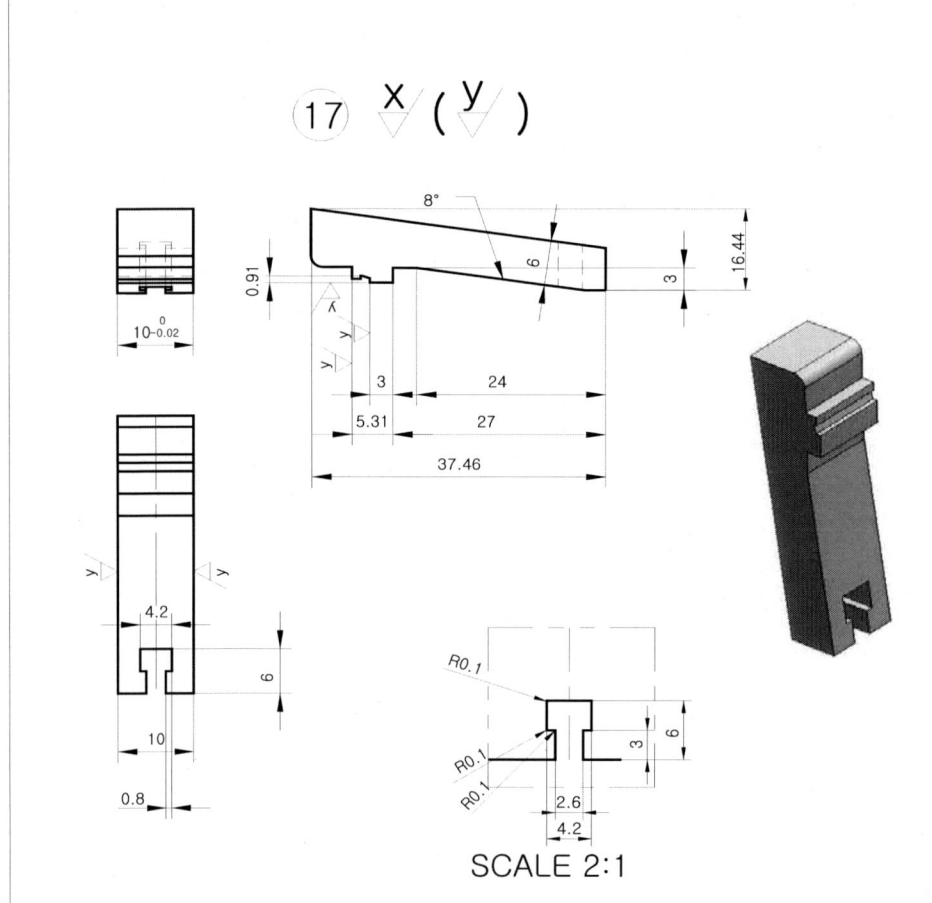

[그림2-6] 변형 코어

8. 변형 코어 핀

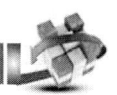

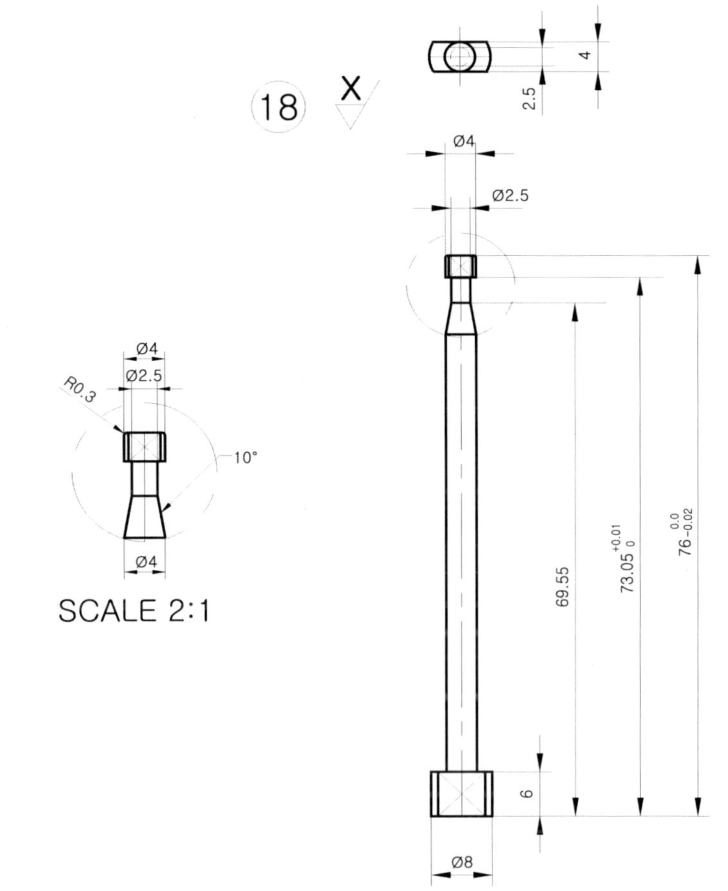

18	SLIDE BAR PIN	SK3	4		Ø4 x 76	
NO	PART NAME	MATERIAL	Q'TY	HARDNESS	SIZE	

Drawing	Designed	Checked	Approved	PLASTIC MATERIAL	ABS	(5 / 1000)	
BZ				MODEL			
2014.10				PRODUCT NO.	BZ13-스틸금형01		
ENGINEERING PLASTIC MOLD & MOLDING				SCALE	ANGLE	CUSTOMER	MOLD NO.
				1/1			/

[그림2-7] 변형 코어 핀

9. 로케이트 링

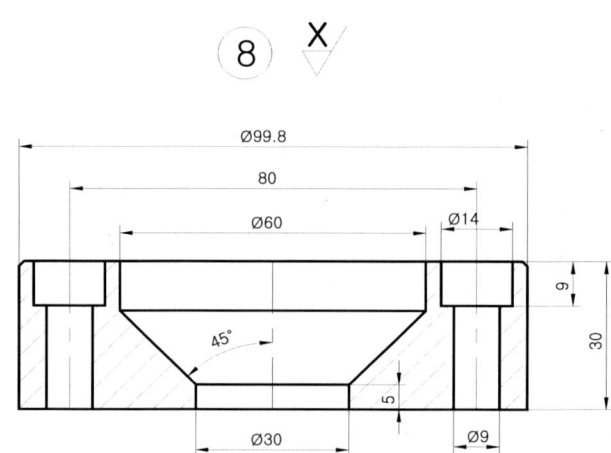

[그림2-8] 로케이트 링

단원명 2 표준 규격 문서화하기

10. 스프루 부시

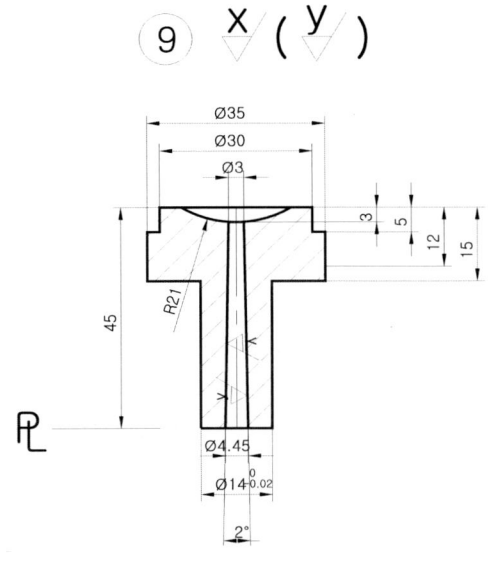

[그림2-9] 스프루 부시

11. 밀판 스톱 퍼

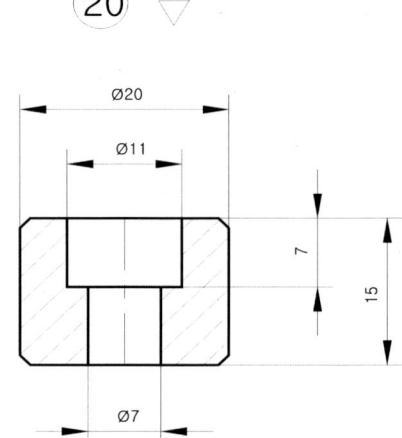

[그림2-10] 밀판 스톱 퍼

단원명 2 표준 규격 문서화하기

12. 상 고정판

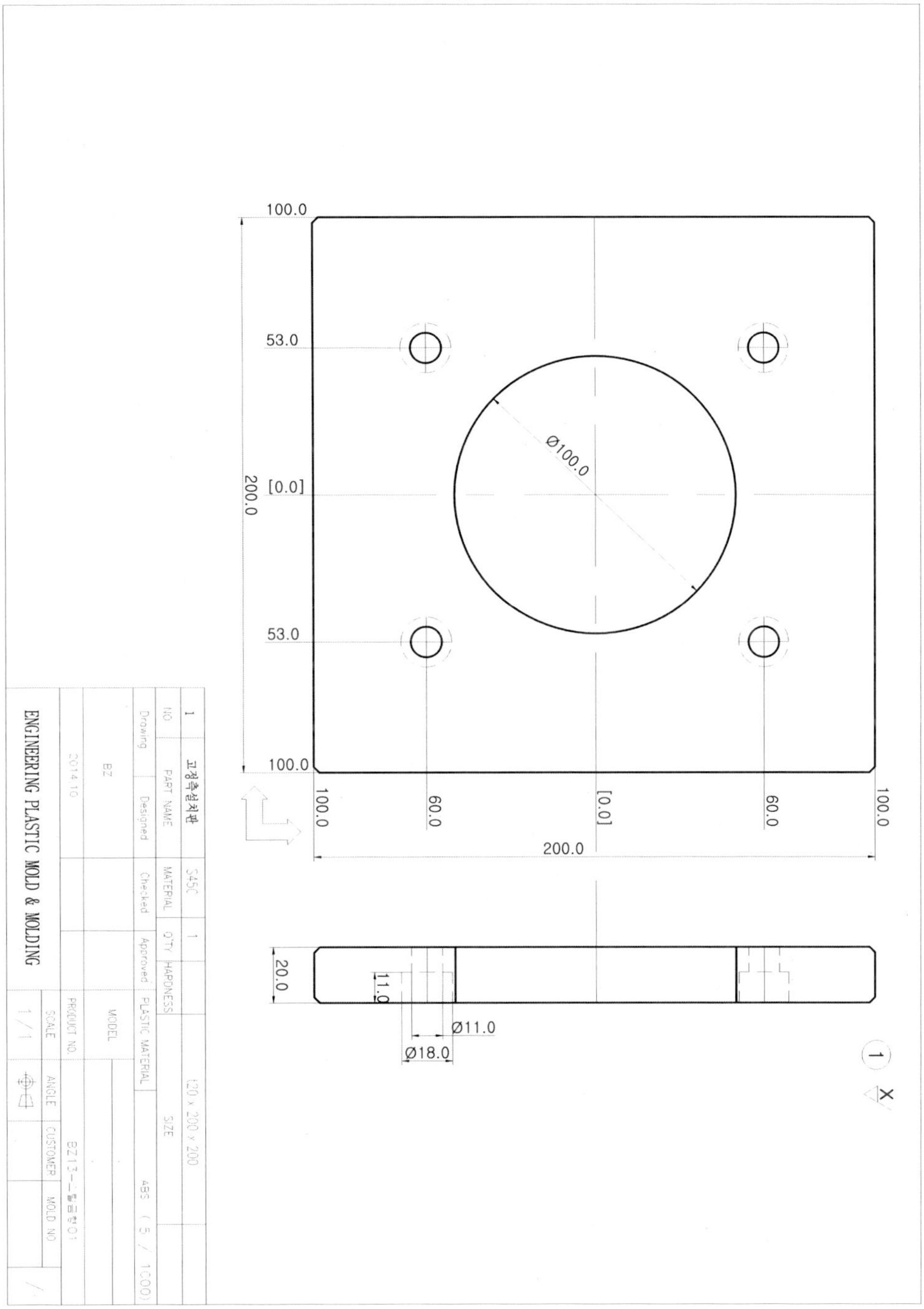

[그림2-11] 상 고정판

사출금형 제작 표준화 관리

13. 상 원판

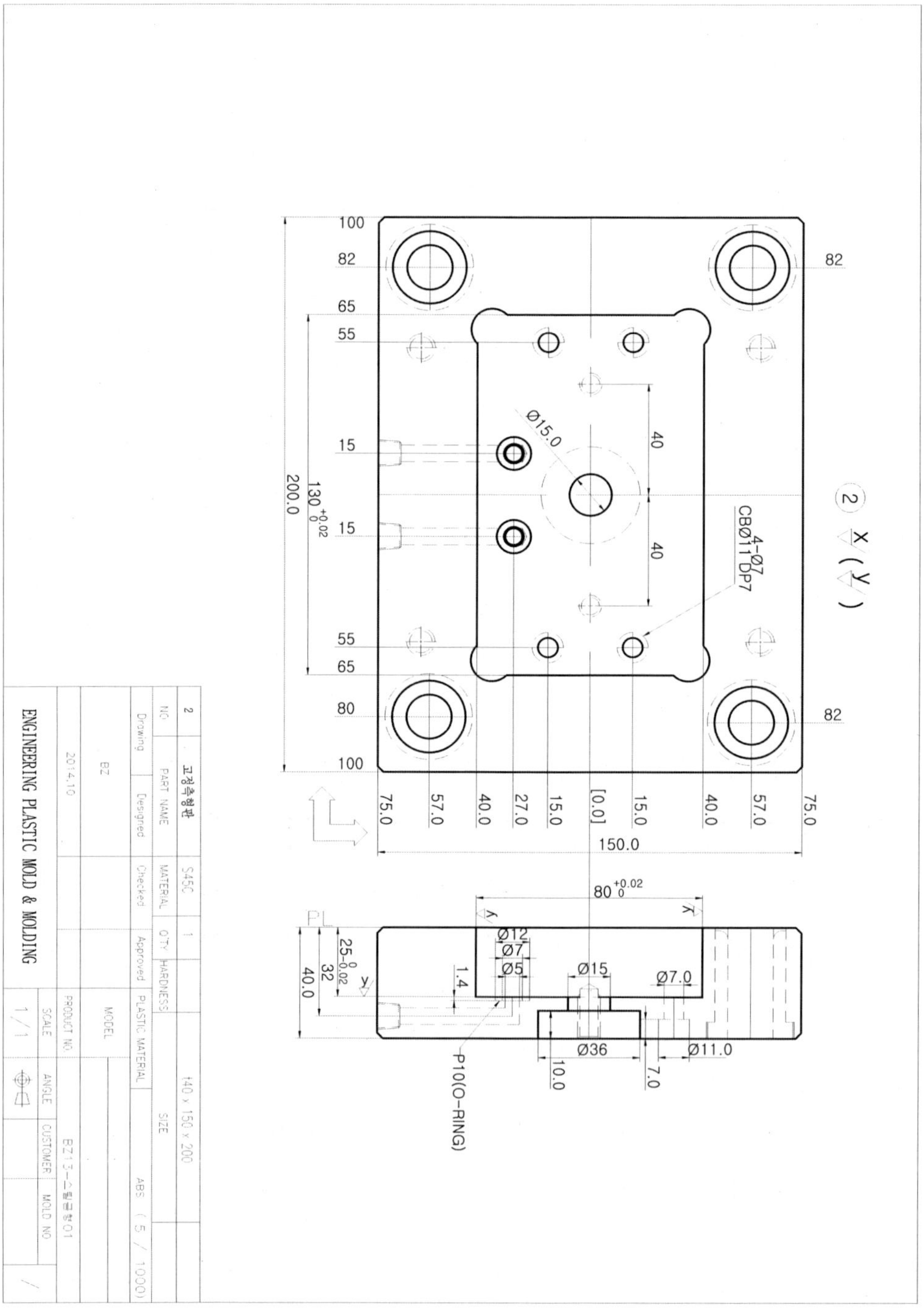

[그림2-12] 상 원판

단원명 2 표준 규격 문서화하기

14. 하 원판

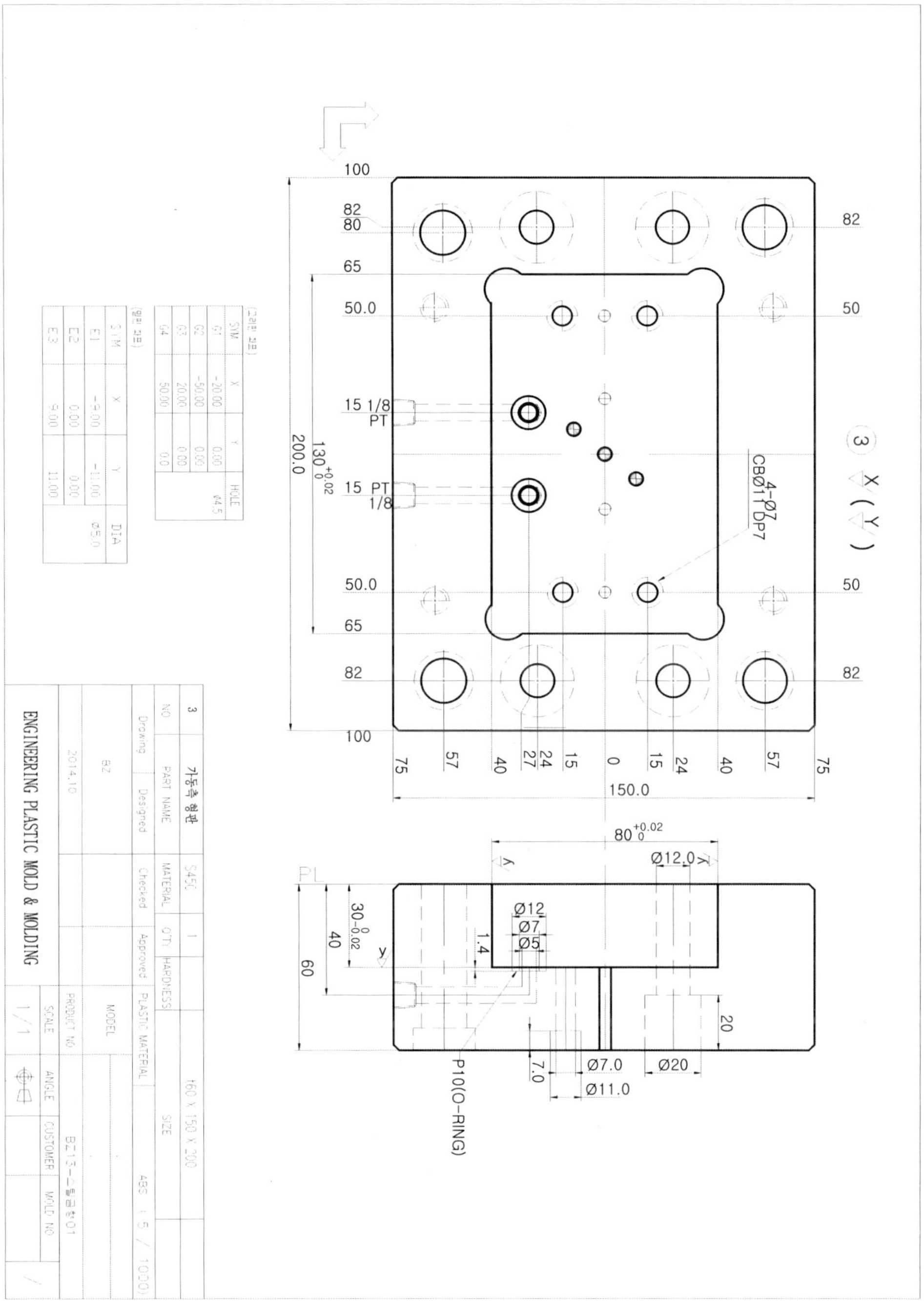

[그림2-13] 하 원판

사출금형 제작 표준화 관리

15. 상하 밀판

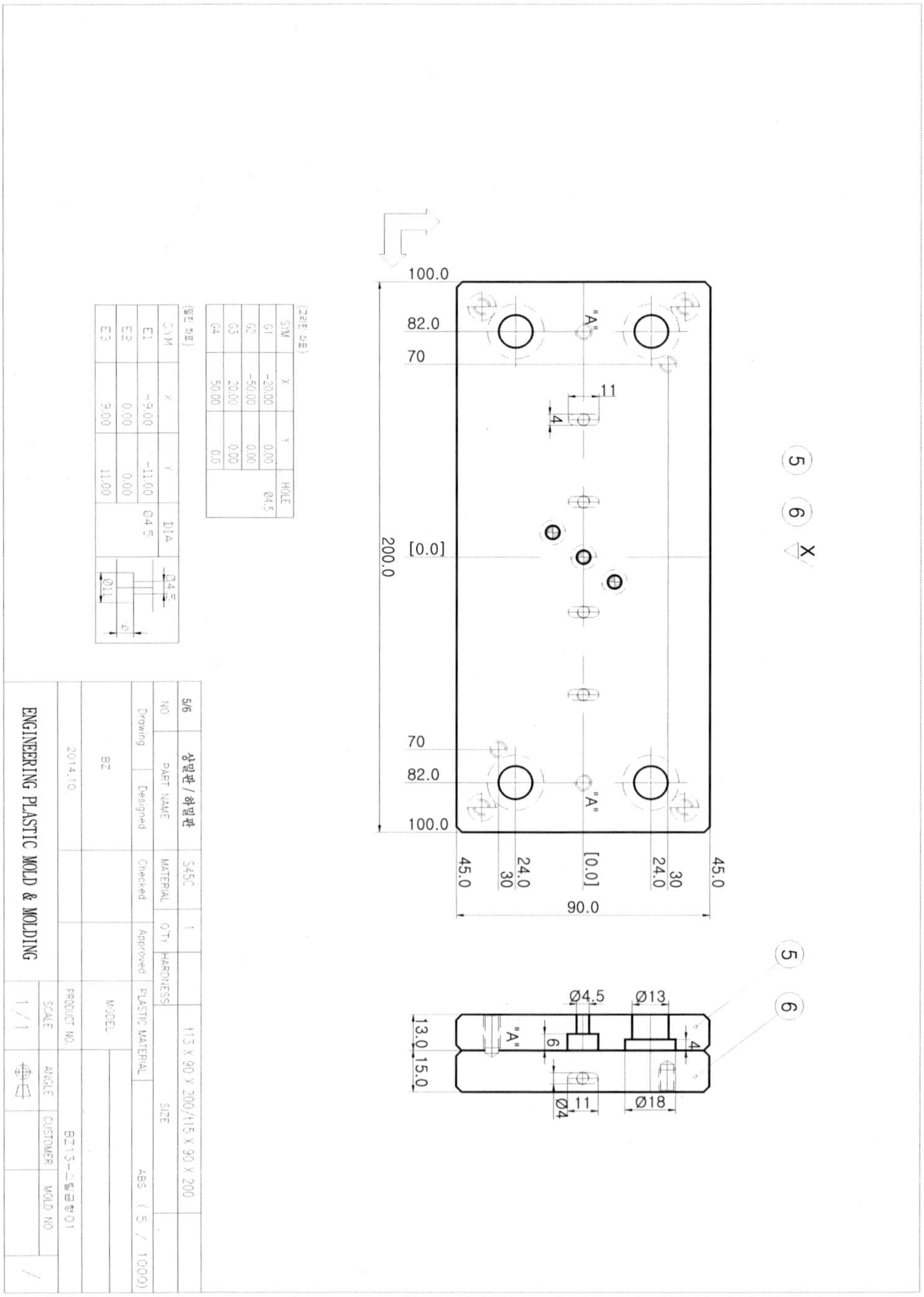

[그림2-14] 상하 밀판

16. 다리 및 하 고정판

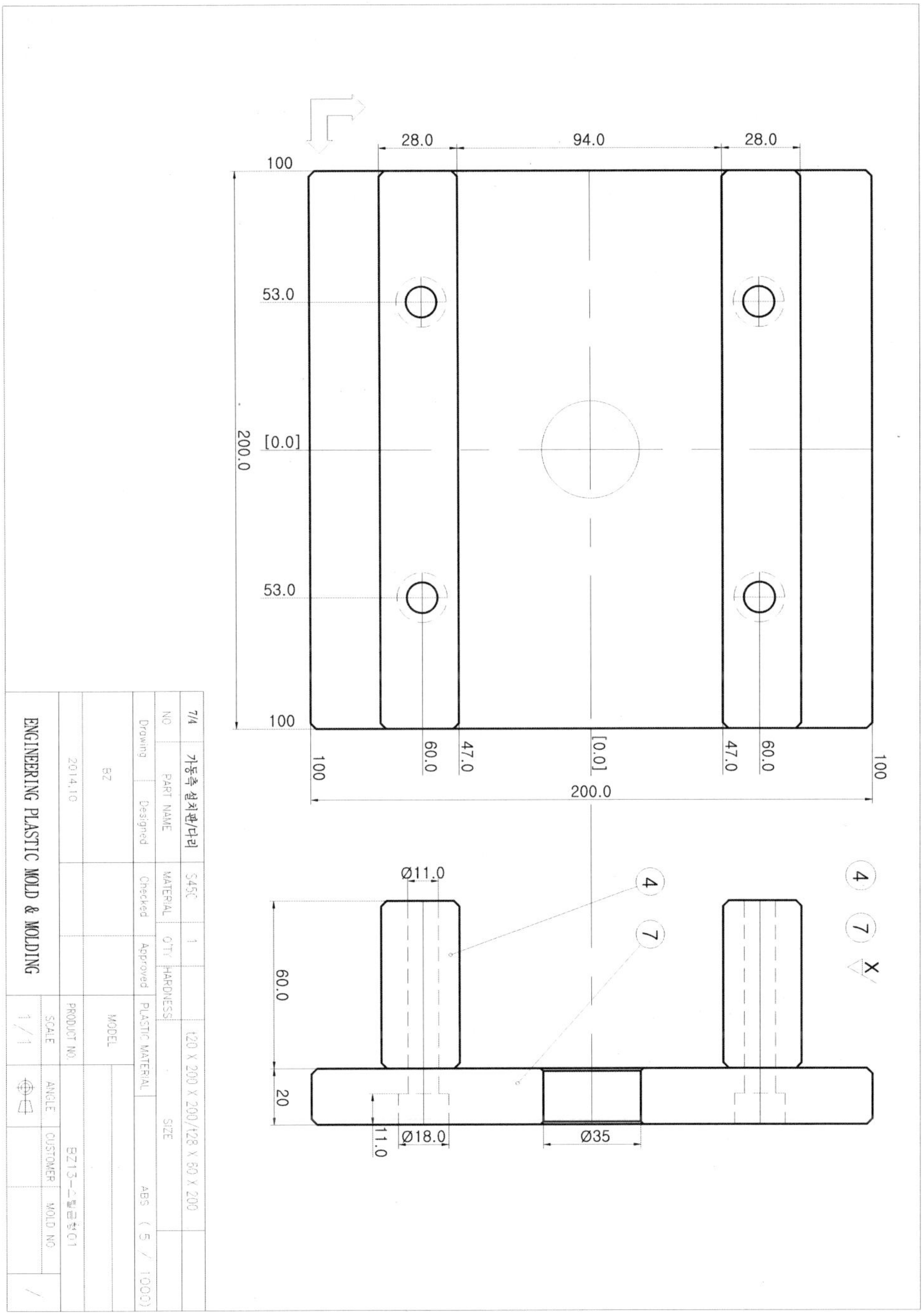

[그림2-15] 다리 및 하 고정판

사출금형 제작 표준화 관리

장비 및 도구, 소요재료

구 분	명 칭	규격(사양)	1대당 활용인원
장비	컴퓨터	도면 및 문서 작성	1명
	프린터 및 주변기기	A3	20명
	문서작성 프로그램		1명
공구	공학용 계산기		1명
	버어니어 캘리퍼스		5명
준비물	금속 비중표		1명
	사출금형 부품 표준서		5명
	몰드 베이스 규격 집		
소요재료	출력 용지(A0 ~ A4)		20명

안전유의사항

1. 안전유의사항

(1) 측정기 사용 시 지켜야할 안전수칙 준수
(2) 몰드베이스의 면밀한 검토로 금형 구조를 확인하려는 태도
(3) 금형 표준부품의 명칭과 기능을 이해하고 숙지하여 정확히 파악하는 태도
(4) KS규격 및 금형 표준 규격서에 의거 작성된 측정치를 관계자와 상호 협의하는 태도

관련 자료

1. 관련 자료

 (1) ISO 규격 집
 (2) KS 규격 집
 (3) 사내표준서
 (4) 금형 부품표준서
 (5) 협력업체 규격

단원명 2 표준 규격 문서화하기

2-2 표준화 부품의 규격 개선

교육훈련 목표
- 기능이 같은 표준 부품을 개선 표준화하여 분류 및 관리 할 수 있다.

필요 지식 사출금형의 각종 부품요소와 관련된 공정순서 검토에 대한 지식 등

1 성형품의 취출방식

1. 성형품 취출 방식 검토
(1) 취출 시 성형품의 밸런스를 고려한 밀핀 방식인지 검토
(2) 제품 형상에 따른 밀핀의 종류, 위치, 수량 등을 검토
(3) 취출 시 변형, 백화 등의 불량을 고려하였는지 검토
(4) 취출 시 밀핀이 다른 부품과 간섭 및 트러블이 없는지 검토

2. 취출 방식 검토

(1) 원형 밀핀의 방식
    (가) 성형품의 임의의 위치에 설치할 수 있다.
    (나) 가공하기가 쉬우며, 정밀도도 쉽게 얻을 수 있다.
    (다) 마찰 저항이 가장 적어 파손이 적으며, 파손시 보수가 매우 쉽다.

(2) 사각 밀핀의 방식
    (가) 제품 하단에 리브나 제품 살 두께가 얇은 부분 그 부위에 설치한다.
    (나) 파손되기 쉬우며, 파손시 보수가 매우 어렵다.

(3) 스트리퍼판 이젝터 방식
    (가) 제품 두께가 매우 얇고 높이가 높은 성형품의 취출 시 사용

(4) 슬리이브 이젝터 방식
    (가) 중앙에 구멍이 관통이 되어 있는 성형품
    (나) 구멍이 뚫려 있는 BOSS
    (다) 가늘고 긴 원형의 성형품

(5) 이젝터 블록 방식
    (가) 제품부 파팅면에서 살두께 부분을 따라가면서 일정한 폭으로 취출 하는 방식

(6) AIR 취출 방식
    (가) 물통이나 컵 같은 얇은 성형품
    (나) 스트리퍼판으로 취출 시 성형품에 진공상태가 되어 취출 이 어려울 때.
    (다) 제품 두께가 매우 얇고 높이가 높은 성형품의 취출 시 사용

2. 성형품 언더 컷 처리 방식 검토

(1) 사출성형의 언더컷

성형기의 형폐, 형개 방향의 운전만으로 성형품을 빼낼 수 없는 요철부분을 언더컷(Undercut) 이라 하며 이 언더컷을 처리하기 위한 구조는 매우 복잡하고 성형 사이클의 시간이 길어짐에 따라 가능한 한 피하는 것이 바람직하며, 불가피 한 경우는 언더컷처리 방식을 운용해야 하나 처리방식은 아래 표와 같다.

<표2-1> 언더컷의 종류

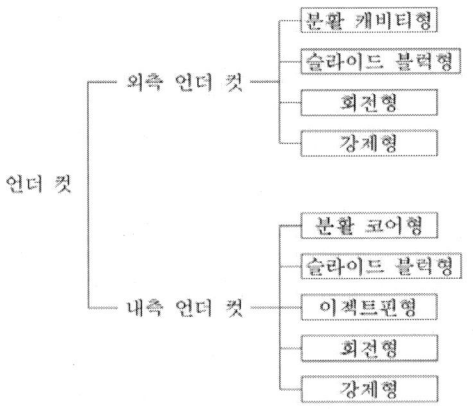

(2) 언더컷의 작동 시 검토 사항

사출성형제품에 있어서 Undercut 구조는 매우 중요한 비중을 차지하고 있으며 그 복잡성 및 다양성은 향후에도 제품의 다기능화 및 원가절감을 위한 부품 수량 감소 등의 요인으로 인하여 그 정도를 점점 더해갈 것으로 보여 지며, 금형 제작사의 중요 경쟁력으로 자리할 것으로 보여 진다.

이에 기본적인 Under-Cut 구조에 대해 기구적, 역학적 검토를 통하여 작동구조 에 대한 이해를 높이고, 추가 응용구조들을 살펴봄으로써 응용력을 길러 새로운 작동 구조의 고안도 가능하도록 하고자 한다.

(가) Undercut 구조 설계 시 고려할 부분
(나) Undercut 방향 및 거리(Storke)

(다) 사출압력에 의한 하중을 견딜 수 있는 구조
(라) 전진 및 후퇴 구조
(마) 작동 순서
(바) 오작동 시 안전장치
(사) 가공성, 공차관리, 분해 조립 편리성
(아) 원활한 작동
(자) 작동 부 중량, 크기, 무게 중심
(카) 충격 하중

실기 내용 사출금형의 언더컷 부품요소와 관련된 공정순서 검토에 대한 지식

1 슬라이드 코어의 개요

1. 슬라이드 코어

분할된 캐비티 전체 또는 일부분을 형폐, 형개 운동을 이용한 기계적 또는 공압이나 유압으로 슬라이드 시키면서 언더컷을 제거하는 방법이다.

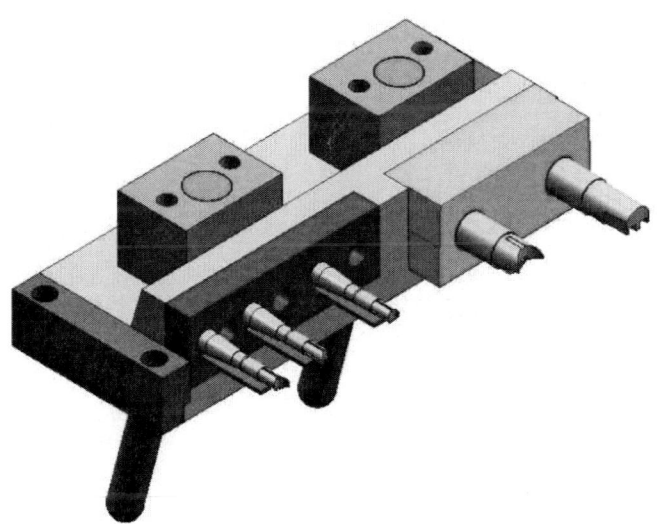

[그림-2-16] 슬라이드 코어 1

사출금형 제작 표준화 관리

(1) 슬라이드 코어
분할된 캐비티 전체 또는 일부분을 형폐, 형개 운동을 이용한 기계적 또는 공압이나 유압으로 슬라이드 시키면서 언더컷을 제거하는 방법이다.

(가) 슬라이드의 작동 방식

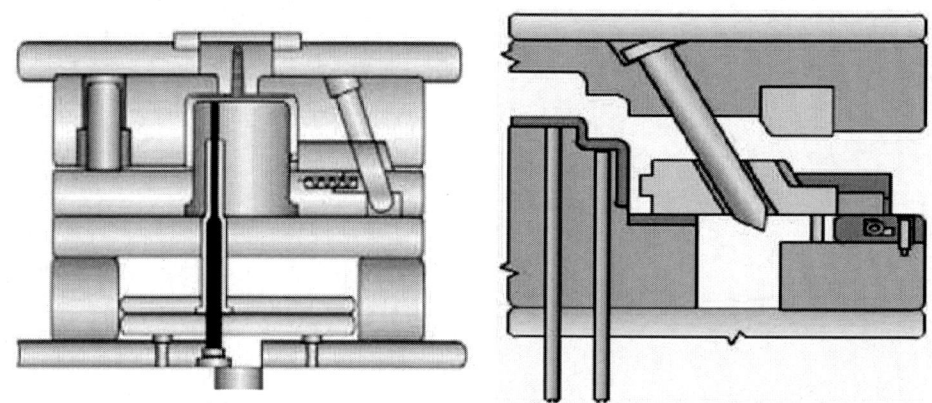

[그림-2-17] 앵귤러 핀 작동법

① 앵귤러 핀
 경사핀을 이용하여 분할 캐비티를 작동시키며 금형 열림과 동시에 경사핀에 의해 슬라이드 코어가 양쪽으로 움직이면서 제품부 언더컷 부위를 벗어나는 형식이다.
② 도그레그 캠 방식
 앵귤러 핀 대신에 도그레그 캠을 형판에 고정하여 슬라이드 블록을 전진 또는 후퇴 시키는 방식
③ 판 캠 방식
 고정측 형판에 캠 플레이트를 설치하고, 홈을 섭동하는 핀에 의해 슬라이드 블록을 후퇴시켜 언더컷을 처리하는 방법
④ 스프링 캠 방식
 스프링의 장력을 이용하여 슬라이드 블록을 후퇴 시키는 방법으로 슬라이드 블록의 인장력 거리를 크게 할 수 없기 때문에 소형금형에서 사용된다.
⑤ 유압 및 공압 실린더 작동 방식
 슬라이드 블록 작동을 유. 공압 실린더의 작용력에 의해서 행하는 방법이다.
⑥ 래크와 피니언에 의한 방식
 고정측 형판에 래크를 설치하고 가동측 형판에 설치한 피니언과 슬라이드 래크에 의 해 슬라이드 코어를 직선 왕복 운동시켜 언더컷 부를 처리한다.

단원명 2 표준 규격 문서화하기

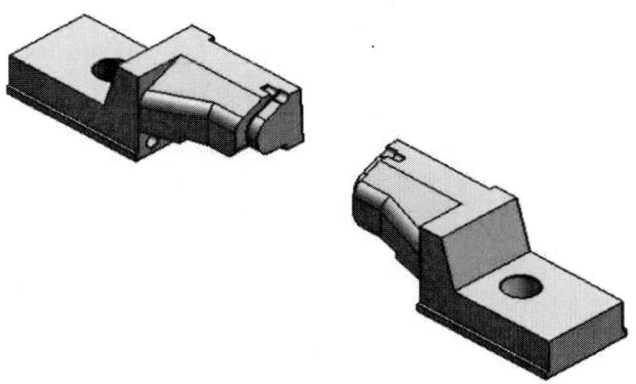

[그림2-18] 슬라이드 코어 2

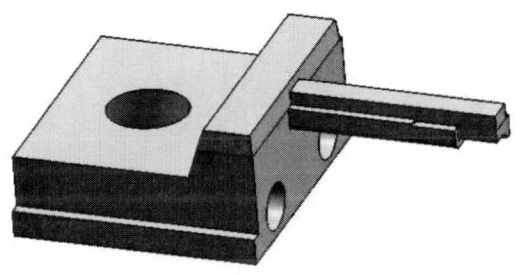

[그림1-19] 슬라이드 코어 3

(2) 로킹 블록

로킹블럭은 슬라이드 코어를 형 체결력에 의해 밀어 붙여 슬라이드 코어의 위치를 결정하는 동시에 수지압력에 의해 슬라이드 코어가 밀리는 현상을 방지하는 역할을 한다.

[그림2-20] 로킹 블럭 1

[그림2-21] 로킹 블럭 2

(3) 가이드 레일
슬라이드 코어 작동 시 원활한 슬라이드가 되면서 원하는 위치까지 안내하는 부품이다.

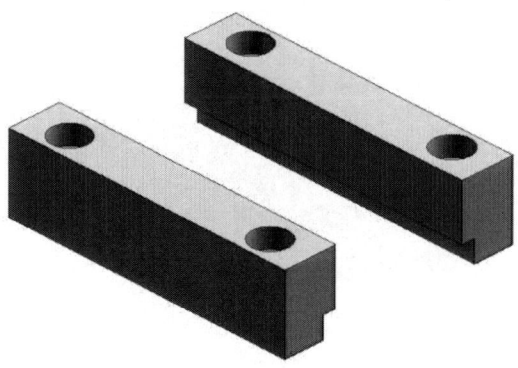

[그림2-22] 가이드 레일

(4) 앵귤러 핀 (경사 핀)
① 핀의 각도는 일반적인 15° 내외로 하고 25°를 넘지 않도록 한다.
② 앵귤러 핀과 블록 구멍과의 틈새는 편측 0.5mm정도로 한다.
③ 앵귤러 핀의 가이드부 길이를 최소 15mm정도로 한다.

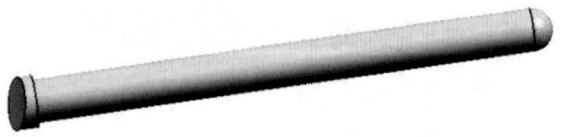

[그림2-23] 앵귤러 핀

(5) 변형 밀핀

변형 밀핀의 사용 장소는 성형품의 내측 또는 외측의 언더컷 중 내측 언더컷에 사용된다. 외측 언더컷 에는 가장 일반적으로 사용되는 하측 슬라이드 코어 형 이고 내측 언더컷에는 내부에 있는 슬라이드 코어를 작동시키는 방식 과 설치 공간이 없을 때 사용되는 변형밀핀 작동방식이 있다.

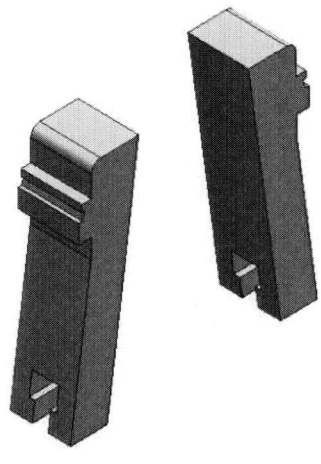

[그림2-24] 변형밀핀

사출금형 제작 표준화 관리

장비 및 도구, 소요재료

구 분	명 칭	규격(사양)	1대당 활용인원
장비	컴퓨터	도면 및 문서 작성	1명
	프린터 및 주변기기	A3	20명
	문서작성 프로그램		1명
공구	공학용 계산기		1명
	버어니어 캘리퍼스		5명
준비물	금속 비중표		1명
	사출금형 부품 표준서		5명
	몰드 베이스 규격 집		
소요재료	출력 용지(A0 ~ A4)		20명

안전유의사항

1. 안전유의사항

(1) 측정기 사용 시 지켜야할 안전수칙 준수
(2) 몰드베이스의 면밀한 검토로 금형 구조를 확인하려는 태도
(3) 금형 표준부품의 명칭과 기능을 이해하고 숙지하여 정확히 파악하는 태도
(4) KS규격 및 금형 표준 규격서에 의거 작성된 측정치를 관계자와 상호 협의하는 태도

관련 자료

1. 관련 자료

(1) ISO 규격 집
(2) KS 규격 집
(3) 사내표준서
(4) 금형 부품표준서
(5) 협력업체 규격

단원명 2 표준 규격 문서화하기

단원명 2 교수방법 및 학습활동

교수 방법

■ 강의법·토의법·목표도달학습

표준부품 도면작성 및 분류하기에서 각 금형부품의 도면을 작성하는 방법, 금형에서 취출 방식 확인방법, 제품의 언더컷 처리 방식과 슬라이드코어 작동방식에 대해서 설명한 후 토의하고 각각의 예를 들어 설명함으로써 학습자들이 스스로 학습목표에 도달할 수 있도록 유도한다.

학습 활동

■ 강의법

학생이 교사에게 집중하고, 교사가 수업의 주도권을 쥘 수 있으므로 학습내용 중 중요한 부분은 강의법을 이용하여 학습한다.

■ 토의법

사출금형 제작 표준화관리에서 금형부품의 명칭과 기능 및 각 부품의 열처리에 관한 특이 사항 등을 5인 1조로 편성된 그룹별로 토의 한 후 토의된 자료를 발표하고 발표한 내용에 대해서 동료 학생 또는 교사와 질의 응답시간을 가진 후 학습결과를 정리하는 방법으로 수업을 진행한다.

■ 목표도달 학습법

학습을 여러 작은 단원(세부 단원별)으로 나누어 실시하고, 각 단원마다 학습종료 후 학습결과를 진단하고, 진단결과가 미흡하거나 불완전하면

사출금형 제작 표준화 관리

| 단원명 2 | 평가 |

평가 시점

- 표준규격 문서화하기에 대한 평가 시점은 표준부품의 도면작성·같은 기능의 도면분류·표준부품의 규격개선 등의 내용의 교육내용(평가항목) 순서에 따라 교육 중 질의응답과 단원 교육 종료시 구두발표를 통하여 개인별 평가한다.

평가 준거

평가자는 피평가자가 수행 준거 및 평가 내용에 제시되어 있는 내용을 성공적으로 수행할 수 있는지를 평가해야 한다. 평가자는 다음 사항을 평가해야 한다.

평가영역	평가항목	성취수준		
		우수하다	보통이다	미흡하다
2. 표준규격 문서화하기	2.1 표준부품 도면작성 및 분류			
	2.2 표준화부품의 규격 개선			

평가 방법

평가영역	평가항목	평가방법
2. 표준규격 문서화하기	2.1 표준부품 도면작성 및 분류	질의응답 및 구두 발표
	2.2 표준화부품의 규격 개선	

단원명 2 표준 규격 문서화하기

피드백

1. 문제해결 시나리오
    - 문제 해결 진행 과정 중 필요시마다 피드백을 제공하여 문제 해결을 용이하게 한다.

2. 사례연구
    - 사례연구 결과를 모든 학습자들끼리 공유하여 확인 학습할 수 있도록 데이터화여 제시
    - 제출한 내용을 평가한 후에 수정 사항과 주요 사항을 표시하여 다음 수업 시작 시간에 확인 설명

3. 구두발표
    - 발표 과정마다 오류 사항과 주요 사항을 점검하여 조정한 후 설명

평가 문제

1. 사출금형설계 시 사전 검토 사항의 종류에 대해서 설명하시오.

2. 몰드베이스에서 고정측에 설치되어 있는 부품명칭에 대해서 설명하시오.

사출금형 제작 표준화 관리

3. 사출금형에서 성형품의 취출 방식에 대해서 설명하시오.

4. 성형품에서 발생하는 언더컷을 처리하는 슬라이드코어 작동방식에 대해서 설명하시오.

5. 3매 구성 금형에서 러너 스트리퍼의 설치 목적에 대해서 서술 하시오.

6. 이젝터 핀이 작동하도록 공간을 만들어주는 금형 부품은?

7. 사출기의 노즐과 금형의 스프루 부시의 중심을 일치되도록 금형 부착 시 안내기능을 하는 기구는?

사출금형 제작 표준화 관리

단원명 3 │ 표준규격 관리하기(15230210_14v2.3)

3-1 │ 금형부품 표준서 작성 및 표준규격 보안

| 교육훈련 목표 | • 작성된 금형부품 표준서를 활용 및 표준규격을 보안 할 수 있다. |

| 필요 지식 | 사내표준관리 규정에 따라 적용되는 제조공정에 대한 지식 |

① 사출금형 표준부품

1. 사출금형 플레이트

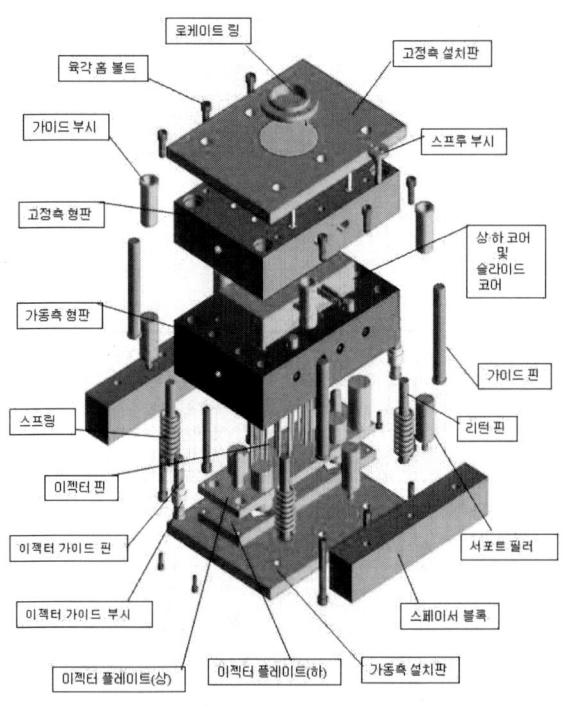

[그림3-1] 사출금형 주요부품 명칭

(1) 고정측 설치판(Top clamping plate)
 금형의 고정측(상형)을 사출성형기의 금형 부착 고정판에 고정하는 판이다.
 재질은 SM45C, SM55C 등을 사용

(2) 고정측 형판(Cavity retainer plate) 또는 상 원판
스프루 부시(sprue bush)와 가이드 핀 부시(guide pin bush)가 고정되어 있으며 금형의 캐비티(cavity)부가 있는 고정측 부분의 형판이다.
재질은 SM45C, SM55C, KP-1, 등을 사용

(3) 가동측 형판(Core retainer plate) 또는 하 형판
고정측 형판과 함께 파팅 라인(parting line)을 형성한다.
코어(core)부를 형성하며 가이드 핀(guide pin)을 고정시키는 판이다.
재질은 SM45C, SM55C, KP-1 등을 사용

(4) 받침판(Support plate)
사출 성형할 때 고압에 의해서 가동측 형판에 휨이 변형되지 않도록 받쳐주는 판이다.
재질은 SM45C, SM55C 등을 사용

(5) 스페이서 블록(Spacer block or parallers or rails)
이것은 다리라고도 하며 받침판과 가동측 설치판 사이에 위치하여 성형품을 빼낼 때 이젝터 플레이트가 상·하로 움직일 수 있는 공간(space)을 만들어 준다.
재질은 SM45C, SM55C 등을 사용

(6) 이젝터 플레이트(상)(Ejector retainer plate)
이젝터 핀, 리턴 핀(return pin), 스프루 로크 핀(sprue lock pin)의 자리가 카운터 보링 되어 있으며 이젝터 핀을 상·하로 움직일 때 쓰인다.
재질은 SM45C 등을 사용

(7) 이젝터 플레이트(하)(Ejector plate)
이젝터 플레이트(상)과 함께 볼트로 체결되어 한 덩어리를 이루고 있으며 이젝터 플레이트(상)에 있는 핀들의 받침판 역할을 한다.
재질은 SM45C 등을 사용

(8) 가동측 설치판(Bottom clamping plate)
금형의 가동측(하형)을 사출성형기의 금형 부착 고정판에 고정하는 판이다.
재질은 SM45C, SM55C 등을 사용

사출금형 제작 표준화 관리

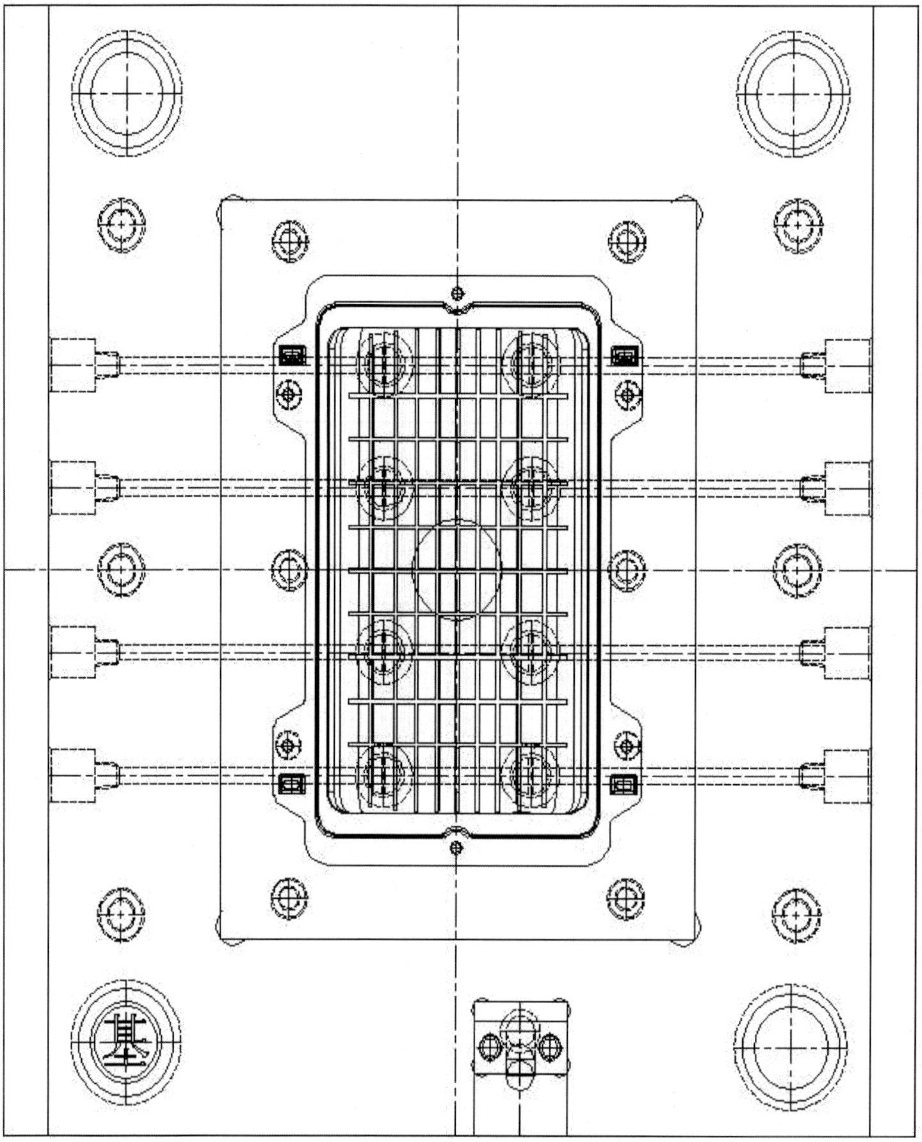

[그림3-2] 사출금형 상평면 조립도

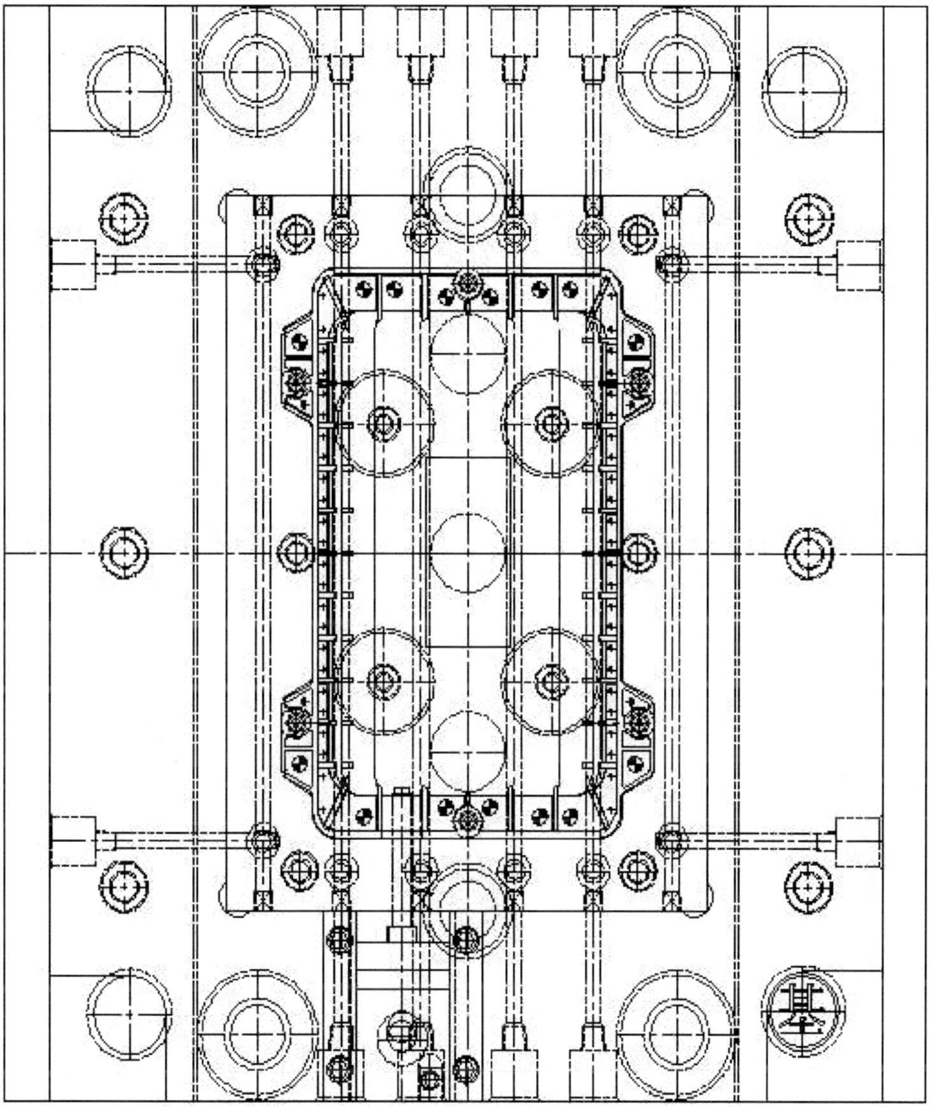

단원명 3 표준규격 관리하기

[그림3-3] 사출금형 하 평면 조립도

사출금형 제작 표준화 관리

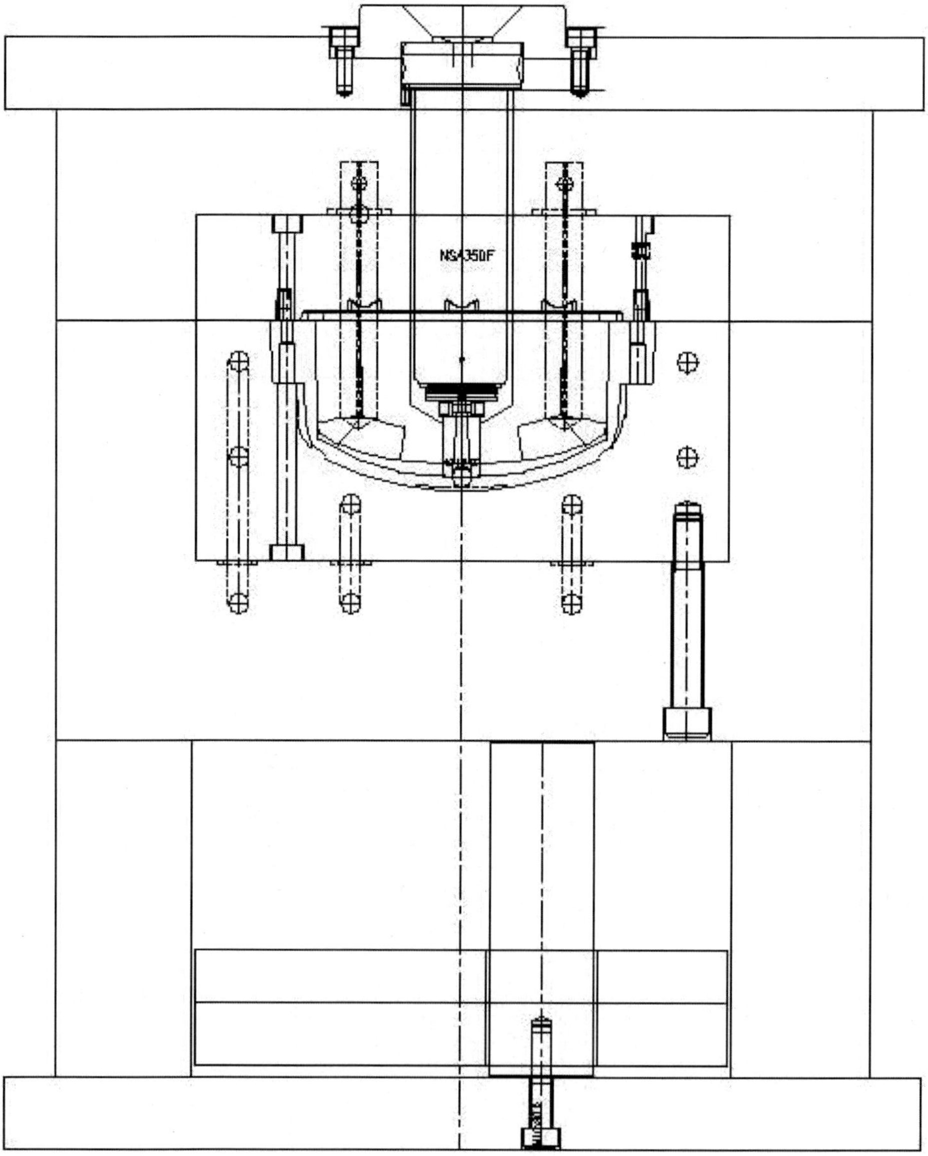

[그림3-4] 사출금형 정면 단면도

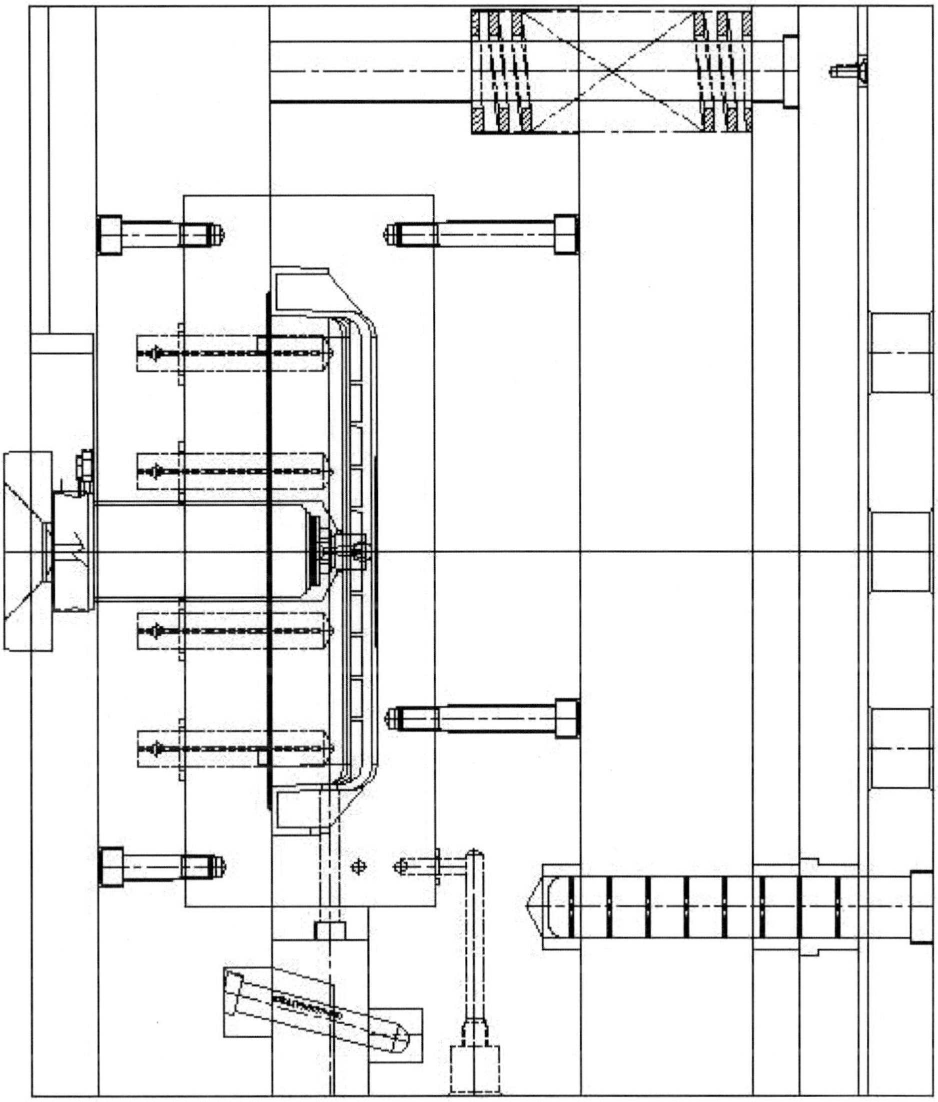

단원명 3 표준규격 관리하기

[그림3-5] 사출금형 우측 단면도

사출금형 제작 표준화 관리

| 실기 내용 | 금형 구조 및 사양서, 조립도, 부품도 등을 확인하기 |

1 금형 사양서 및 조립도 확인

1. 금형 사양서 및 조립도 확인

(1) 금형 구조 및 사양서 확인

금형 부품 표준서를 작성하기 위해서는 금형제작 조립도를 검토하고, 고객사양서를 확인하여, 금형 표준 부품을 활용 할 수 있는지 검토 하여야 한다.

그러므로 도면 및 사양서를 준비하고, 금형의 구조를 충분히 이해 할 수 있어야 한다.

(가) 금형 제작 사양서

<표3-1> 금형제작 사양서

					작성	검토	승인
업체 명	한국	EPM NO	2015	재 질	ABS	지급도면 유·무	有
품 명	KNOB	품 번	1234	수축률	20/1000	샘 플 유·무	無
샘 플 제출일	14.12.31	생산량	십 만개	설 계 담당자	기술자	설 계 소요시간	8Hr
형 식 및 사 양							
형 형식	2단 □ 3단 ■ 기타 □				MOLD 규격	SC2015	
캐비티 수	1 X 2				금형높이	195	
게이트 형식	핀 포인트				로케이트 링 외경	100	
게이트 ∮	0.4 X 0.8				노즐 R	21	
게이트 수	2점				제품 취출 방법	자유낙하 ■로버트 □ 기타 □	
런너 형상	ROUND				런너 취출 방법	자유낙하 □로버트 ■ 기타 □	
런너 치수	1차 : R4.0 2차 :				금형냉각 방식	원 판(직수)	
스프루 ∮	6.0				E/J 거리	40mm	
E/P 위치	제품 밑면				슬라이드 방식	앵귤러 □유압 □ 기타 ■	
E/P 방식	PIN ■ STRIPER □ 기타 □				사출기 메이커	한 국	
제품공차	제품 외경 및 곡면 중요				형 체력	75 TON	
제품중량	1EA : 50				타이바 거리	660mm	
총 중량	1SHOT(스풀포함) : 211				사이클 타임	18 sec	

단원명 3 표준규격 관리하기

(2) 형 형식
금형의 형식을 의미하며, 일반적으로 2단 금형, 3단 금형, 기타(특수금형)으로 구분되어 진다.

(3) 캐비티 수
캐비티 수는 생산하고자 하는 제품의 수량 및 품질을 고려하여 결정한다. 예를 들어 정밀하고 생산량이 많지 않은 제품은 캐비티 수가 적고, 품질이 까다롭지 않고 수량이 많은 경우에는 캐비티 수를 많게 한다.

(4) 게이트 형식
게이트 형식은 제품의 사이즈와 금형의 구조를 고려하여 설계하는데, 일반적으로는 3단 금형의 구조에서 핀 포인트 게이트를 설계하는 경우가 많다. 이유는 게이트의 후가공이 없고 제품의 외관면에 최소한의 게이트를 만들기 때문에 고객이 선호하는 구조이다. 게이트의 종류를 살펴보면 다이렉트게이트, 표준게이트, 오버랩게이트, 코끼리게이트, 탭게이트, 팬게이트, 필름게이트, 링게이트, 디스크게이트, 핀포인트게이트, 서브마린게이트 등의 다양한 종류의 게이트가 있으며, 상세한 내용은 금형의 설계시간에 배우는 내용을 대신하도록 하겠다.

(5) 게이트 외경(크기)
게이트의 설계는 추후에 필요하면 더 크게 할 수 있도록 작은 크기로 시작해야 한다. 작은 크기의 게이트를 크게 넓히는 것은 가공의 용이성 때문에 어려운 일이 아니지만, 큰 게이트를 작게 바꾸는 것은, 기계적인가공으로는 불가능하며, 용접작업 후 기계가공을 해야 하기 때문에 가공이 어렵고 금형의 수명을 단축시킨다.

(가)단면 지름이 큰 게이트
 ①장 점
  게이트의 지름이 클수록 충진 시간이 짧아져 사출률이 증가하기 때문에 고속성형이 가능하다. 충분한 보압을 통한 수축보정으로 치수정밀도 향상과 싱크마크 및 공동 현상을 방지할 수 있다. 취출기 등을 사용해서 성형품을 강제로 빼낼 경우 또는 게이트 마무리는 2차 가공에서 하고 스프루, 러너, 게이트를 자동 낙하시킬 경우에는 안정적인 작업을 위해 큰 게이트를 채용한다.

 ② 단 점
  게이트가 크면 냉각 고화 중에 외부의 압력 및 수지의 주입에 의해 게이트 부근은 끝까지 흐름이 그치지 않으므로 압력, 충진 변형, 분자배향 변형이 강하게 잔류해서 성형품이 취약해진다. 자동절단 게이트의 경우는 게이트 단면의 크기가 지나치게 크면 성형품 변형의 원인이 된다. 보압이 완료될 때까지 게이트가 고화되지 않으면 용융 수지가 러너 시스템으로 역류 할 수 있다.

사출금형 제작 표준화 관리

(나) 단면 지름이 작은 게이트
 ① 장 점
  캐비티 내로부터의 역류를 막기 위해 적어도 게이트가 고화할 때(Gate sealing Time)까지는 보압을 걸어 두어야 하는데 이 게이트 실링(Gate sealing)시간이 짧아진다. 게이트가 고화하면 냉각 과정 중에 외부로부터의 힘이 작용하지 않으므로 자유로이 고화되고 압력과 충진 상태의 변형에 의한 균열, 휨, 내부응력 등이 경감된다. 성형품에 나타나는 게이트 자국이 작게 남는다.

 ② 단 점
  게이트의 지름이 작으면 주입저항이 커지고 또 성형시간을 짧게 하기 위해 사출 압을 무리하게 높이면 게이트 부 마찰열에 의해 수지가 타거나 제팅(Jetting)과 같은 불량이 나타난다. 게이트의 지름이 지나치게 작으면 성형품의 중심부가 고화하기 전에 조기에 고화되어 성형품에 싱크마크(Sink Mark) 또는 내부공동(Void) 등의 불량을 유발할 수 있다.

(6) 게이트의 수
 게이트의 수에 관해서는 유동길이 및 두께, 평균 살두께, 유동표면적의 관계 와 변형, 휨 관계 등을 고려하여 설계하여야 한다.

(7) 러너의 형상
 러너의 형상을 설계 할 경우에는 다음과 같은 점을 고려하여 설계하여여 한다.

(가) 러너의 치수 설계시 고려사항
 ① 성형품의 체적과 제품의 기본 살 두께
 ② 러너 또는 스프루에서 캐비티까지의 거리
 ③ 금형의 냉각 (러너의 냉각 방법)
 ④ 사용수지(유동성)

(나) 러너 지름은 성형품의 살 두께보다 굵게
 성형품보다 러너가 가늘면 먼저 고화되기 때문에 수축을 피할 수 없고 싱크마크나 구멍이 생기기 쉽다. 통상 3.2mm이하의 러너는 보통 길이 20~30mm 의 분기 러너에 한정하여 사용한다.

(다) 러너 길이는 가능한 한 짧게
 러너길이를 길게 할 경우에는 그 길이에 따라 러너의 지름을 크게 한다.
 러너의 길이가 길어지면 유동저항이 커진다.
 스프루에서 캐비티까지의 거리는 러너 단면의 지름을 결정 하는데 직접 관계된다.

(라) 유동성이 좋지 않은 재료

유동성이 좋은 재료에 비해 러너의 지름을 크게 유리섬유강화 플라스틱 등과 같이 유동성이 좋지 않은 재료는 성형재료가 캐비티 내로 충분히 유입될 수 있도록 러너의 지름을 크게 한다.

(마) 러너의 방향이 변화하는 코너 부분은 적당한 콜드 슬러그 웰 설치

수지흐름의 끝단은 공기와 맞닿아 있어 냉각되어 있기 때문에 이를 제거하기 위해 콜드슬러그 웰(Cold Slug Well)을 설치한다.

(8) 스프루 외경

스프루의 외경과 길이는 제품의 충진량을 고려하여 설계해야 한다. 또한 스프루의 길이와 체적이 증가하면 그만큼 재료의 loss량이 많아지므로, 생산비용은 증가하게 된다.
그러므로 스프루의 외경은 제품의 충진을 고려하면서, 최소의 사이즈와 최소의 길이로 설계해야 한다.

(9) 취출 방법

취출 방법의 종류는 무수히 많지만 대표적인 방법 3가지만 설명하면 다음과 같다.
밀핀에 의한 취출, 스트리퍼에 의한 취출, 기타(슬리브, 에어, 흡착등)에 의한 방법 등이 있으며 상세설명은 금형의 구조설계 자료를 참고 하였으면 한다.

(10) 제품 공차

제품도상에서 중요한 공차를 사양서 작성 시 사전에 협의 하여 결정하여야 한다.
제품공차는 제품을 승인하는데 있어 가장 중요한 기준이 되기 때문에 금형을 제작하기 전에 고객과의 협의를 통하여 사전 결정하고 진행 하여야 한다.

(11) 제품 중량

제품의 중량 및 스프루의 중량은 제품의 원가 및 생산성을 나타내는 기준이 된다.
그러므로 설계 전 성형해석 등을 통하여 최적의 조건을 만들어서 설계하여야 한다.

(12) MOLD BASE 규격

MOLD BASE의 규격은 제품의 외곽 사이즈 및 두께를 고려하여 준비하여야 한다.
필요이상으로 MOLD BASE의 사이즈가 크게 되면, MOLD BASE의 비용만 비싼 것이 아니라 가공하는데 시간과 비용이 증가하게 되고, 이동 및 보관을 하는데도 불편할 뿐 아니라, 생산성도 저하된다.

사출금형 제작 표준화 관리

(13) 로케이트 링
로케이트 링은 금형의 노즐센터와 사출기의 스프루 노즐센터의 위치를 맞추어주는 역할을 하는 부품으로써 사출기의 제조업체 및 특성에 따라 사이즈 및 형상이 다르므로 사전 확인 후 가공해야 한다.

(14) 스프루 부시
스프루 부시의 역할은 사출기의 노즐로부터 용융되어진 사출재료를 캐비티내로 이동시켜 주는 첫 번째 부품이다.
그러므로 사출기에서 토출된 재료의 손실 없이 1차 러너와 2차 러너에 전달시켜 주어야 한다.

(15) 러너 취출
러너 취출의 방식은 3단 금형에서 핀 포인트 게이트라고 가정한다면 제품의 취출과 동시에 스트리퍼에 의한 러너가 취출 되게 되어 있다.
일반적으로는 로봇트를 사용하여 취출하며, 러너만을 모으는 작업 박스가 준비되어 있다.

(16) 금형의 냉각방식
금형의 온도조절 방식으로는 여러 가지가 있으며, 일반적으로는 물과 기름을 사용하여 온도를 조절한다.
최근에는 고온의 수증기를 이용한 온도조절장치가 개발되어 저 비용으로 고 효율의 금형 온도관리가 가능해 졌다.

(17) 이젝터 거리
제품의 취출을 위해 사용되어지는 밀핀은 제품의 길이를 고려하여 형개 거리를 확보하고, 이젝터 거리를 계산하여야 한다.

(18) 슬라이드 형식
슬라이드 코어가 사용되었다면, 슬라이드 코어의 작동을 어떤 방식으로 할 것인가를 고려하여야 한다.
일반적으로는 경사 핀을 사용하여 작동시키지만 특수한 경우에는 유압 및 공압을 이용한 실린더를 활용하는 경우도 있다.

(19) 형 체력
사출기를 결정하는 가장 중요한 요소로써, 사전에 성형해석이나 경험을 통하여 결정을 하게 된다.
형 체력은 사출기의 크기와 스페이스 및 임률을 결정하는 중요한 요소이다.

단원명 3 표준규격 관리하기

(20) 타이 바 거리
사출기에서 금형을 장착 할 수 있는 크기를 결정하는 요소로써, 사출기의 사이즈가 클수록 타이 바 거리는 길어지게 된다.

(21) 사이클 타임
금형을 설계하기 전 성형해석을 통해 어느 정도의 목표 사이클 타임을 결정하여야 한다. 사이클 타임은 제품을 생산하는데 있어 생산성을 결정하는 가장 중요한 요소이다.
이는 제품의 생산능력이라고도 할 수 있으며, 각각의 사출기의 특성 및 사출조건에 따라 달라진다.

장비 및 도구, 소요재료

구 분	명 칭	규격(사양)	1대당 활용인원
장비	컴퓨터	도면 및 문서 작성	1명
	프린터 및 주변기기	A3	20명
	문서작성 프로그램		1명
공구	공학용 계산기		1명
	버어니어 캘리퍼스		5명
준비물	금속 비중표		1명
	사출금형 부품 표준서		5명
	몰드 베이스 규격 집		
소요재료	출력 용지(A0 ~ A4)		20명

안전유의사항

1. 안전유의사항

(1) 측정기 사용 시 지켜야할 안전수칙 준수
(2) 몰드베이스의 면밀한 검토로 금형 구조를 확인하려는 태도
(3) 금형 표준부품의 명칭과 기능을 이해하고 숙지하여 정확히 파악하는 태도
(4) KS규격 및 금형 표준 규격서에 의거 작성된 측정치를 관계자와 상호 협의하는 태도

사출금형 제작 표준화 관리

관련 자료

1. 관련 자료

 (1) ISO 규격 집
 (2) KS 규격 집
 (3) 사내표준서
 (4) 금형 부품표준서
 (5) 협력업체 규격

단원명 3 표준규격 관리하기

3-2 표준규격 적용 및 유지 관리

교육훈련 목표
- 금형부품 규격, 기능변경 등에 따른 표준 규격을 적용할 수 있다.
- 금형부품 표준규격을 유지할 수 있다.

필요 지식
사출금형에서 부품규격의 표준화에 대한 지식
금형부품 종류와 이론에 대한 지식

1 표준부품의 기능

1. 표준 금형 부품의 기능

사출성형 장치에서 금형의 역할은 성형재료의 가소화 및 사출장치와 형 쵬부의 중간에 위치하여 용융되어져서 형상을 갖고 있지 않은 용융수지에 형상을 부여하고 고화시켜 제품으로 만드는 중요한 기능을 하는 중추적 부분이다. 따라서 금형이 잘못 제작되면 다른 조건들이 충분히 갖추어져도 원하는 성형품을 만들 수 없다. 사출금형의 특징은 3차원 형상이 많아 가공이 어렵고 전사성이 좋아 금형표면에 다듬질 정도가 그대로 제품의 외관면이 되므로 표면 거칠기가 좋아야 한다. 또한 형체력과 사출압력 등 고압이 작용하므로 내압강도가 중요하고 재료마다 다른 수축률을 고려하여 금형치수를 결정해야 한다.

(1) 사출금형에 있어서 필요한 조건을 요약하면 다음과 같다.
  (가) 성형품에 알맞은 형상과 치수정밀도를 유지할 수 있는 금형구조이어야 한다.
  (나) 성형능률, 생산성이 높은 구조이어야 한다.
  (다) 성형품의 다듬질 또는 후가공이 적어야 된다.
  (라) 고장이 적고 수명이 긴 금형 구조이어야 한다.
  (마) 제작기간이 짧고 제작비가 저렴한 구조이어야 한다.

2. 사출금형의 기본 구조

금형의 구조는 성형품 형상, 재질, 사출성형기의 사양 등의 여러 가지 조건을 고려하여 정해지며, 그 주요부는 형판 및 캐비티, 유동기구, 주입기구, 이젝팅기구, 금형의 온도조절기구 등으로 이루어진다.

다음 그림은 플라스틱 금형의 각부 명칭을 나타내었다

사출금형 제작 표준화 관리

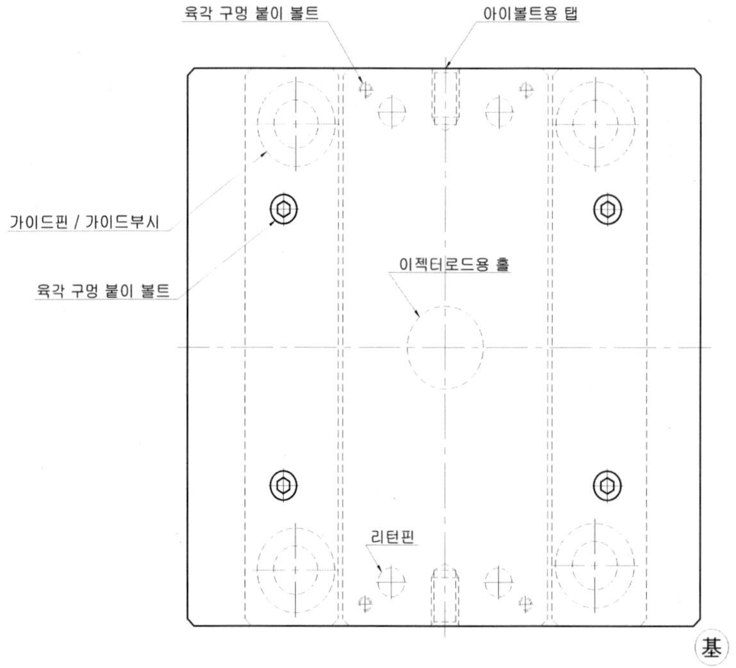

[그림3-6] 2단 금형 평면도 도면

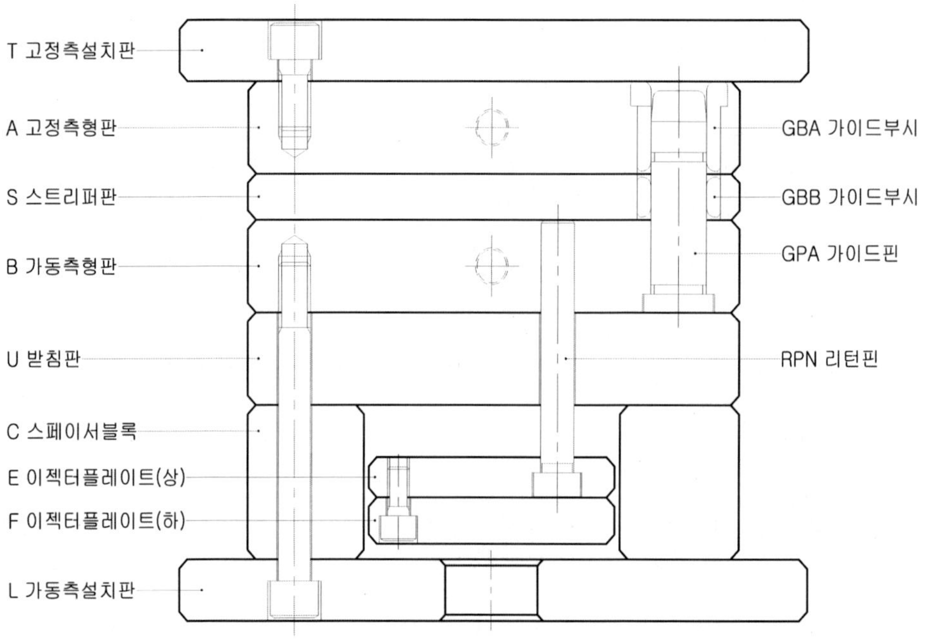

[그림3-7] 2단 금형 단면도 도면

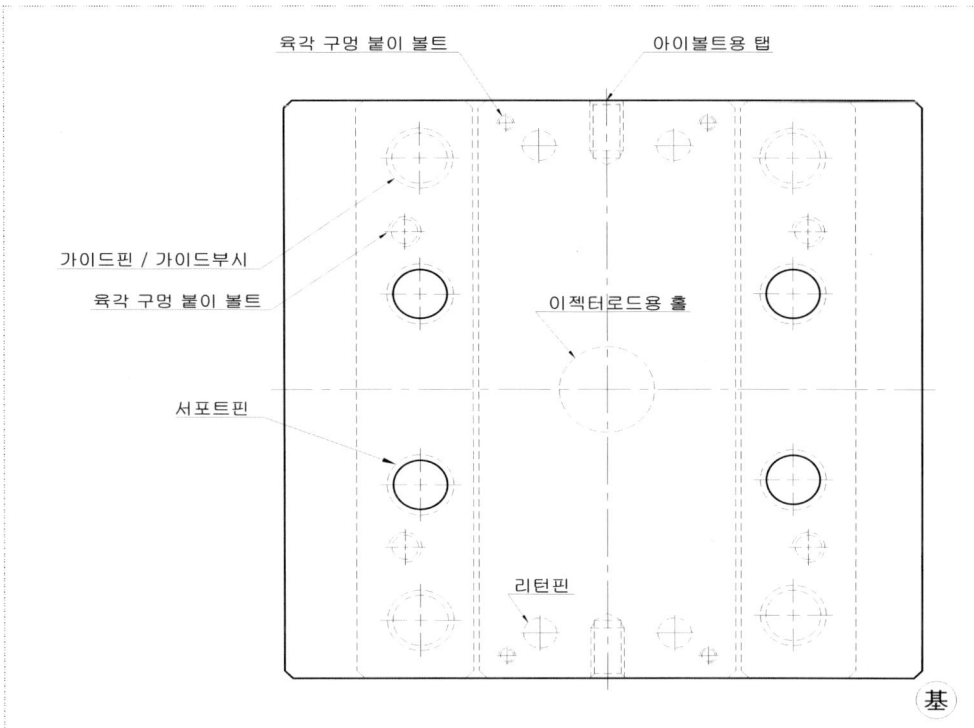

[그림3-8] 3단 금형 평면도 도면

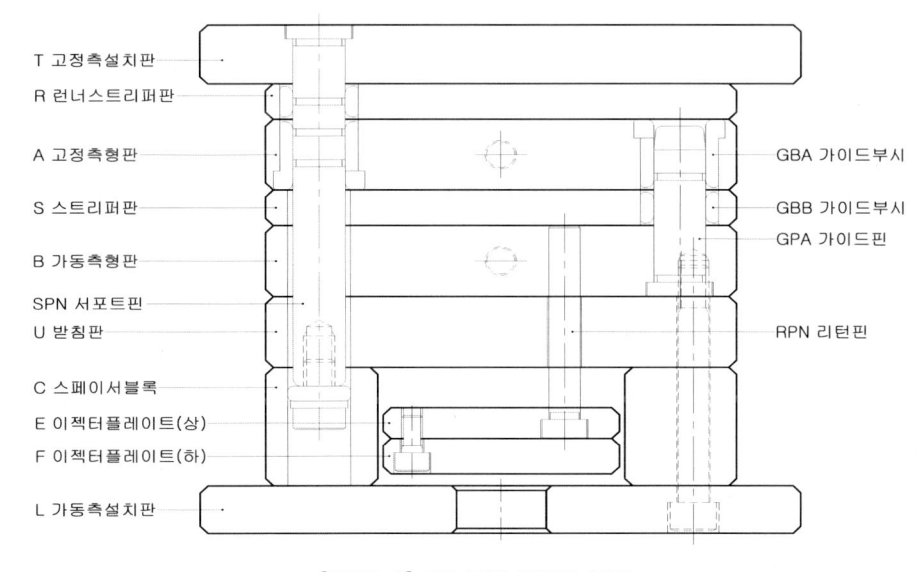

[그림3-9] 3단 금형 단면도 도면

사출금형 제작 표준화 관리

실기 내용 사출금형 설계 및 제작의 효율화를 위한 표준서를 작성 할 수 있는 지식

1 사출금형 표준서

1. 표준 부품

(1) 고정측 표준 부품

로케이트 링· 스프루 부시· 가이드 부시· 러너 록핀· 필러볼트· 써포트 핀· 핫트러너· 매니폴드 시스템· 오링· 앵귤러핀· 로킹블럭· 각종 고정볼 등등

(2) 가동측 표준 부품

가이드핀·받침봉·밀핀·이젝터로드봉·이젝터가이드핀·리턴핀·리턴스프링·스프루록핀·인터록쇄기· 이젝터가이드 부시·변형밀핀· 슬라이코어· 가이드레일·오링·등등

(3) 기타 주변기기의 표준 부품

에어실린더·유압실린더·기어드모타·금형보호봉·체인·아이볼트·금형이력명판·조기리턴장치핀·리미트스위치·등등

2. 금형부품 표준서

(1) 가이드 핀

(가)가이드 핀(Guide Pin)
①적용 범위 : 이 표준은 사출금형에 사용되는 가이드 핀에 대하여 적용한다.
②재질 : STB2 (SUJ2)
③열 처 리 : HrC60±2(고주파열처리)
④기능 : 금형 개.폐시 고정측 형판과 가동측 형판이 정확하게 맞추어지도록 안내하는 역할을 하는 부품.
⑤그림에서 L , N 치수는 사용자가 지정한다.
⑥L의 치수는 5.0mm단위로 선택한다.
⑦모양과 치수

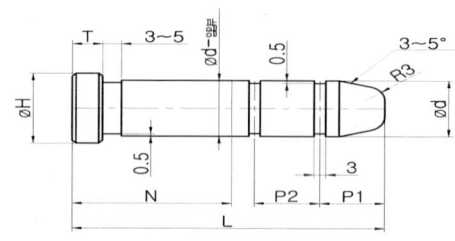

호칭치수 (Ø)	Ød (슬라이드 부)		Ød1 (압입부)		ØH	T	P1 / P2
	치수	허용차	치수	허용차(m5)			
16	16	-0.015 / -0.020	16	+0.015 / +0.007	21	6	16
20	20	-0.025 / -0.030	20	+0.017 / +0.008	25	8	20
25	25		25		30		25
30	30		30		35		30

(2) 가이드 핀 부시

(가) 가이드 핀 부시(Guide Pin Bush)

① 적용 범위 : 이 표준은 사출금형에 사용되는 가이드 핀 부시에 대하여 적용한다.
② 재질 : STB2 (SUJ2)
③ 열 처 리: HrC60±2(고주파열처리)
④ 기능 : 금형 개. 폐시 고정측 형판과 가동측 형판이 정확하게 맞추어지도록 안내하는 가이드 핀을 원활하게 작동될 수 있도록 하여 주는 부품.
⑤ 그림에서 d의 치수는 몰드 베이스 규격에 따른다.
⑥ L의 치수는 상원판 두께 치수보다 1~2mm정도 적게 선택한다.
⑦ 모양과 치수

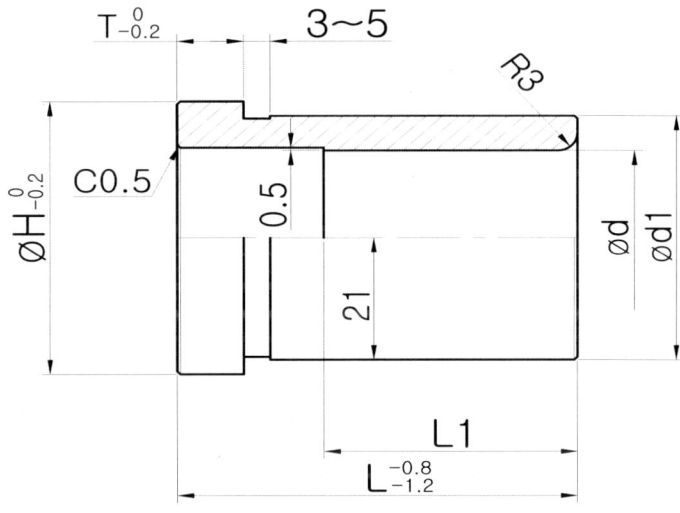

호칭치수 (Ø)	Ød		Ød1		H	T
	치수	허용차(G6)	치수	허용차(m5)		
16	16	+0.017 / +0.006	25	+0.017 / +0.008	30	6
20	20	+0.020 / +0.007	30		35	8
25	25		35	+0.020 / +0.009	40	8
30	30		42		47	10

사출금형 제작 표준화 관리

(3) 리턴핀

(가) 리턴 핀 (Return Pin)

① 적용 범위 : 이 표준은 사출금형에 사용되는 리턴 핀 에 대하여 적용한다.
② 재질 : STB2 (SUJ2)
③ 열 처 리: HrC60±2(고주파열처리)
④ 기능 : 상 밀판에 고정되어 있으며 금형이 닫힐 때 성형부를 보호하기 위하여 밀 핀을 원위치로 복귀 시키는 역할을 하는 부품.
⑤ 그림에서 L의 치수는 사용자가 지정한다.
⑥ 모양과 치수

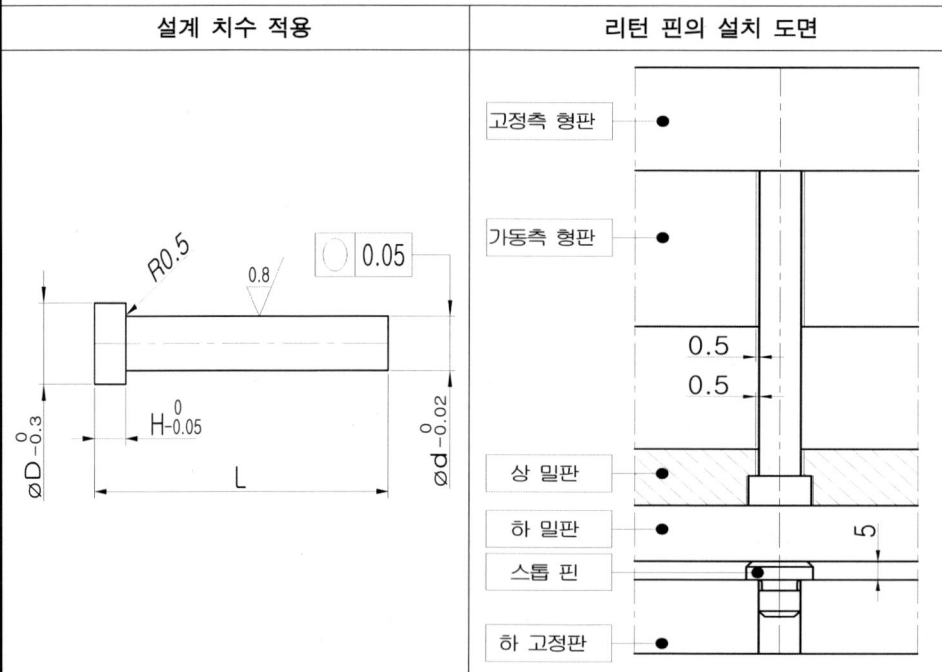

d (Ø)		D(Ø)	H	M(TAP)	L	비 고
호칭 치수	허용 공차					
12	-0.016	17	6	M5	50 ~ 400	
15	-0.027	20		M8		
20	-0.020	25	8		100 ~ 700	
25	-0.033	30		M10		

(4) 스프루 록 핀

(가) 스프루 록 핀 (Sprue Lock Pin)

① 적용 범위 : 이 표준은 사출금형에 사용되는 스프루 록 핀 에 대하여 적용한다.
② 재질 : SKD61 / SKH51
③ 열 처 리: HrC50±3, HrC60±2
④ 기능 : 상 밀판에 고정 되어 있으며 금형이 열릴 때 스프루 및 러너가 상측으로 붙지 않고 가동측으로 딸려가도록 잡아주는 역할을 하는 부품이다.
⑤ 그림에서 L의 치수는 사용자가 지정한다.
⑥ 모양 및 치수

설계 치수 적용	스프루 록 핀 의 설치 도면

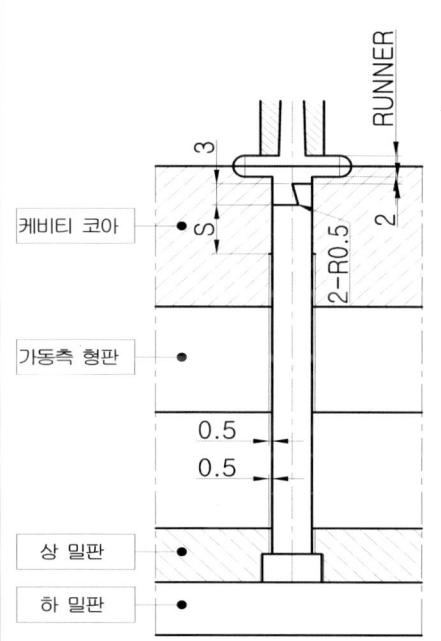

☞ 상기 부품(Z자 형상)은 산업체에서 투명제품을 사용할 때만 적용한다.

호칭 치수 (Ø)	Ød 치 수	Ød 허용 공차	D	H	S
6	6	-0.020 -0.050	10	6	10
8	8		13	8	15
10	10		15		

(5) 스톱 핀

(가) 스톱 핀 (Stop Pin)
① 적용 범위 : 이 표준은 사출금형에 사용되는 스톱 핀 에 대하여 적용한다.
② 재질 : SM45C
③ 열 처 리: HrC48±2
④ 기능 : 성형 작업 시 이물질로 인하여 밀판의 변형을 방지하기 위하여 하 밀판
  과 하 고정판 사이에 장착되어 밀판을 받혀주는 역할을 하는 부품
⑤ 그림의 형상은 표준타입 이나 현재에는 와셔 TYPE을 많이 사용하는 편임
⑥ 모양 및 치수

설계 치수 적용	스톱 핀의 설치 도면

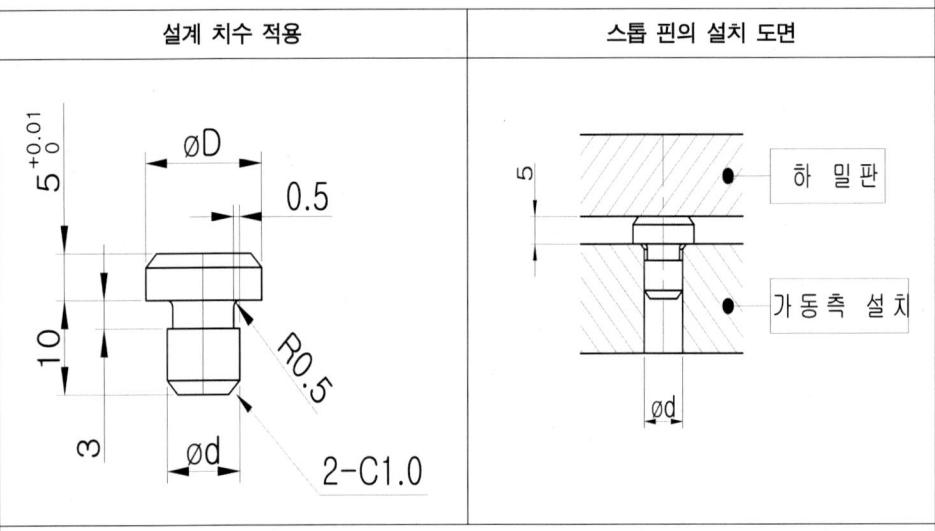

호칭 치수 (∅)	∅D	∅d	
		치 수	허용차(k6)
16	16	8	+0.015
20	20	10	+0.024

☞ 하 밀판과 하 고정판 사이에 이물질이 끼어들면 하밀 판에 휨이 발생되어
  취출시 제품에 변형이 발생됨.

(6) 로케이트 링

(가)로케이트 링 (Locate Ring)
①적용 범위 : 이 표준은 사출금형에 사용되는 로케이트 링 에 대하여 적용한다.
②재질 : SM45C
④기능 : 상고정판에 설치되며 사출 성형기의 노즐과 스프루 부시의 중심을 일치시키기 위해 사용되는 부품
⑤종류: 여러 표준 및 특수 TYPE 이 있으나 여기서는 2종류의 TYPE 만 설명한다.
⑥모양 및 치수

A TYPE

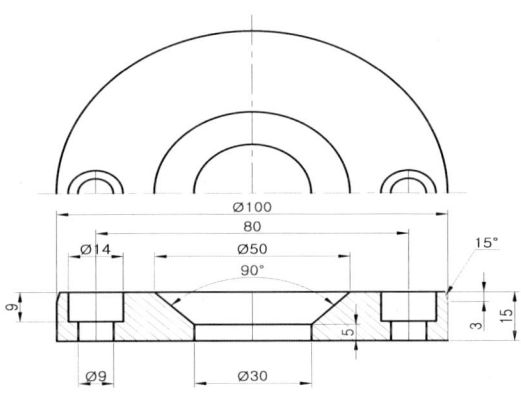

B TYPE

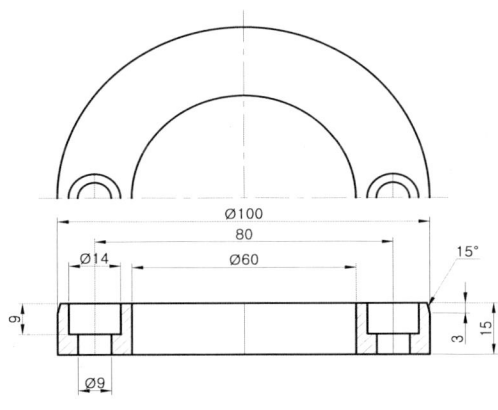

☞ 상기 그림에서 치수에 혼란을 없애기 위하여 치수를 부여하였음.
☞ A·B TYPE 은 표준부품으로 산업체에서는 구매하여 사용함.

사출금형 제작 표준화 관리

(6) 스프루 부시

(가) 스프루 부시 (Spure Bush)

① 적용 범위 : 이 표준은 사출금형에 사용되는 스프루 부시에 대하여 적용한다.
② 재질 : SKD61
③ 열 처 리 : HrC50±2(열처리 : 템퍼링 처리 온도 550°C 이상)
④ 기능 : 사출 성형기의 노즐과 스프루 부시의 SR부위와 맞닿게 하여 수지 가 금형 내로 유입이 되도록 하는 부품
⑤ 종류: 여러 종류의 특수 TYPE이 있지만 여기서는 그림의 형상처럼 2단 금형 및 3단금형의 표준 타입만 설명 한다.
⑥ SR의 치수는 사출 성형기의 노즐 선단부 R값 보다 1.0mm 크게 한다.
 (수지의 역류 방지)
⑦ L, B 의 치수는 사용자가 지정한다.
⑧ 모양 및 치수
 - A형 : 스트레이트 TYPE (2단 금형용)
 - B형 : 테이퍼 TYPE(3단 금형용)

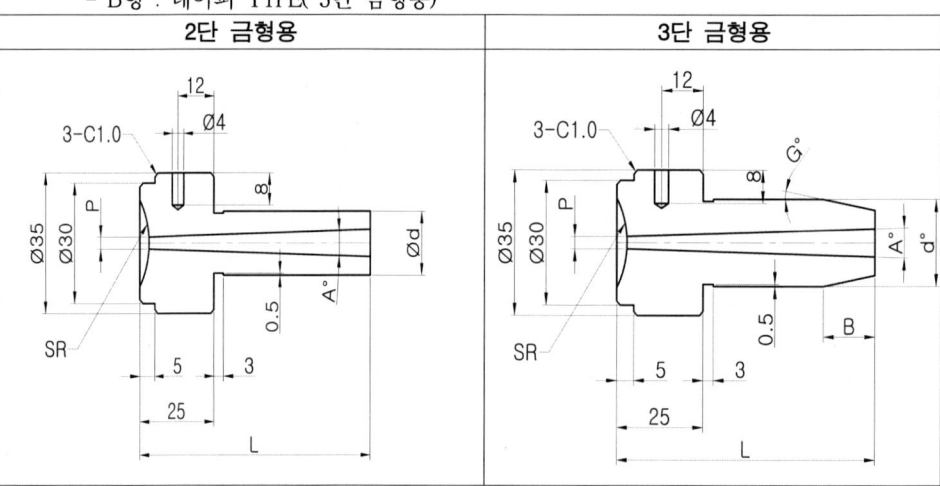

호칭치수 (Ø)	Ød	Ød1	A° (0.5°단위)	B	SR
16	16	-	2~4	사용자 지정	사용자 지정
20	20	20			
25	-	25			
30	-	30			

☞ 상기 TYPE들은 표준부품으로 산업체에서는 구매하여 사용 함.

(7) 이젝터 핀

(가)이젝터 핀(Ejector Pin)

①적용 범위 : 이 표준은 사출금형에 사용되는 이젝터 핀에 대하여 규정한다.
②재질 : SKH51(HrC 58~60) / STD61(HrC 50~55)
③기능 : 밀판에 고정되어 있으며 성형품을 취출하기 위한 부품
④L 의 치수는 사용자가 지정한다.
⑤모양 및 치수

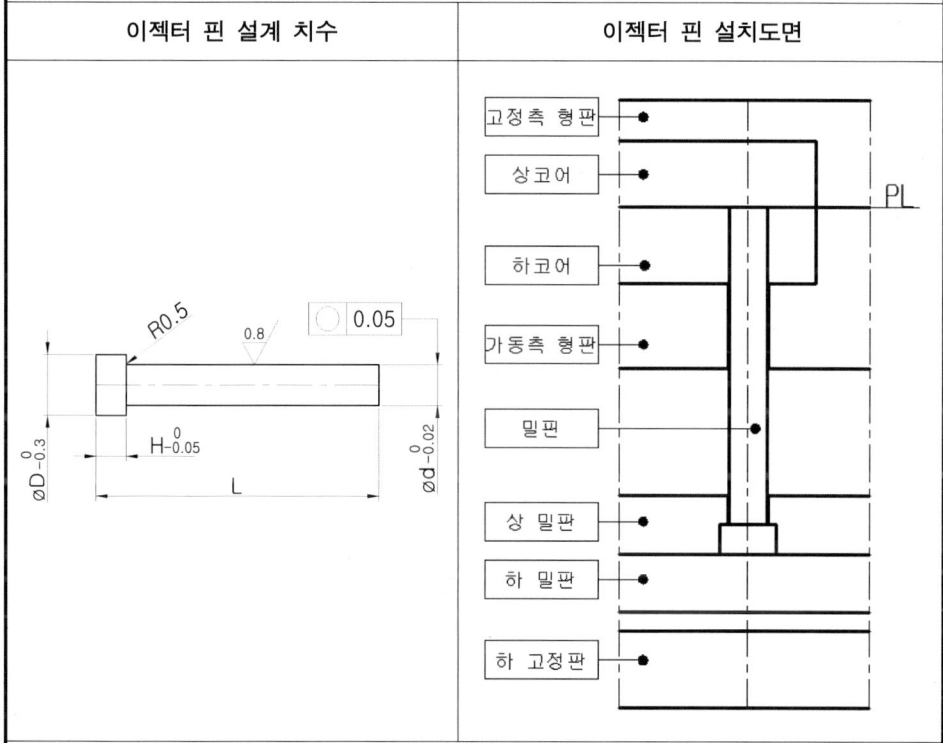

호칭치수	Ød 치수	Ød 허용차	ØD	H	호칭치수	Ød 치수	Ød 허용차	ØD	H
2	2	-0.010 -0.030	5	4	5	5	-0.020 -0.050	9	6
2.5	2.5				6	6		10	
3	3				8	8		13	8
4	4		8	6	10	10		15	

(8) 냉각 마개

(가) 냉각 마개(Cooling Plug)
① 적용 범위 : 이 표준은 몰드 금형에 사용되는 냉각 마개에 대하여 규정한다.
② 재질 및 경도 : SM45C(HrC 37±5)
③ 기능 : 냉각 홀을 막아주는 역할을 하는 부품
④ 모양 및 치수

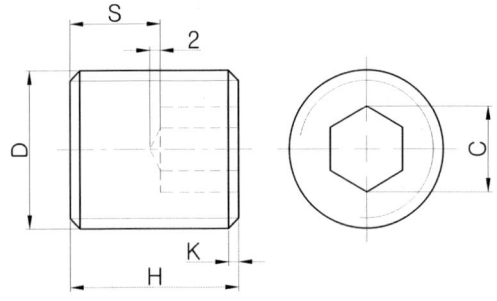

PT	D	H	C	S	K	사출기 TON수
PT 1/8	9.728	10	5.7	3.97	1	
PT 1/4	13.16	12	7	6.01	1	50 ~ 1800
PT 3/8	16.66	14	9.4	6.35	1	

☞ PT → 관용 테이퍼 나사라 칭 한다

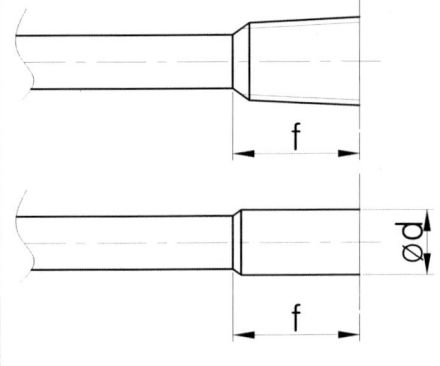

TAP 나사 (PT)	TAP 가공 홀 깊이 (f)	드릴 가공 직경 (Ød)
PT 1/8	17 이상	8.5
PT 1/4	25 이상	11.4
PT 3/8	25 이상	14.9

(9) 육각 홈 볼트

(가) 육각 홈 볼트(Bolt)

① 육각 홈 볼트 그리기 (M10 볼트 기준으로)

육각 홈 볼트	육각 홈 볼트 설치도

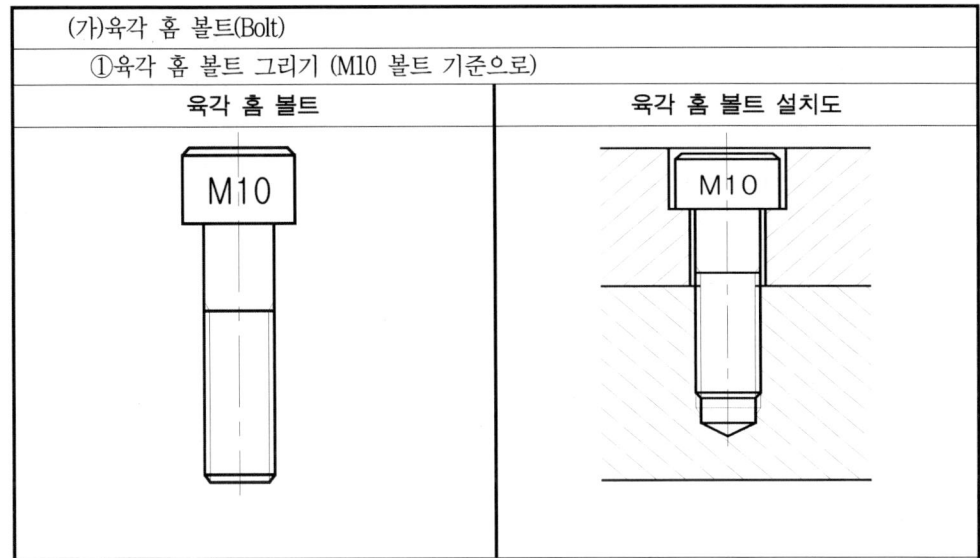

육각 홈 볼트 설계 치수 기준표

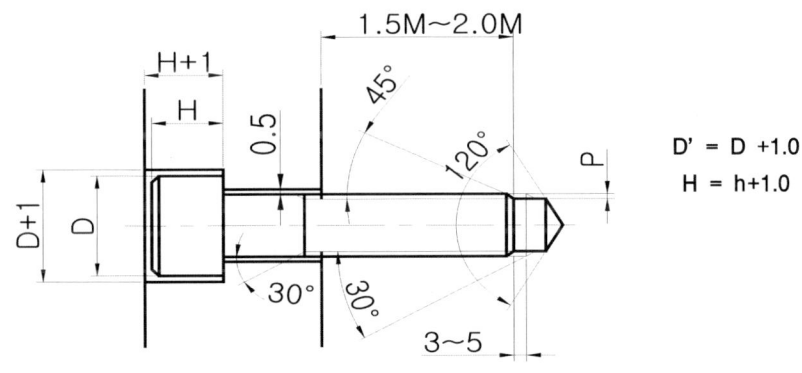

$D' = D + 1.0$
$H = h + 1.0$

	M6	M8	M10	M12	M14
D	Ø10	Ø13	Ø16	Ø18	Ø21
h	6	8	10	12	14
P	1.0	1.25	1.5	1.75	2.0

사출금형 제작 표준화 관리

장비 및 도구, 소요재료

구 분	명 칭	규격(사양)	1대당 활용인원
장비	컴퓨터	도면 및 문서 작성	1명
	프린터 및 주변기기	A3	20명
	문서작성 프로그램		1명
공구	공학용 계산기		1명
	버어니어 캘리퍼스		5명
준비물	금속 비중표		1명
	사출금형 부품 표준서		5명
	몰드 베이스 규격 집		
소요재료	출력 용지(A0 ~ A4)		20명

안전유의사항

1. 안전유의사항

(1) 측정기 사용 시 지켜야할 안전수칙 준수
(2) 몰드베이스의 면밀한 검토로 금형 구조를 확인하려는 태도
(3) 금형 표준부품의 명칭과 기능을 이해하고 숙지하여 정확히 파악하는 태도
(4) KS규격 및 금형 표준 규격서에 의거 작성된 측정치를 관계자와 상호 협의하는 태도

관련 자료

1. 관련 자료

 (1) ISO 규격 집
 (2) KS 규격 집
 (3) 사내표준서
 (4) 금형 부품표준서
 (5) 협력업체 규격

단원명 3 표준규격 관리하기

단원명 3 교수방법 및 학습활동

교수 방법

- 강의법·토의법·목표도달학습

  표준규격 관리하기에서 작성된 금형부품 표준서를 보급 활용방법, 금형부품 사용량을 파악하여 표준규격을 보안 방법, 기능변경 등에 따른 표준규격 적용방법 등에 대해서 설명한 후 토의하고, 각각의 예를 들어 설명함으로서 학습자들이 스스로 학습 목표에 도달할 수 있도록 유도한다.

학습 활동

- 강의법

  학생이 교사에게 집중하고, 교사가 수업의 주도권을 쥘 수 있으므로 학습내용 중 중요한 부분은 강의법을 이용하여 학습한다.

- 토의법

  사출금형 제작 표준화관리에서 금형부품의 명칭과 기능 및 각 부품의 열처리에 관한 특이 사항 등을 5인 1조로 편성된 그룹별로 토의 한 후 토의된 자료를 발표하고 발표한 내용에 대해서 동료 학생 또는 교사와 질의 응답시간을 가진 후 학습결과를 정리하는 방법으로 수업을 진행한다.

- 목표도달 학습법

  학습을 여러 작은 단원(세부 단원별)으로 나누어 실시하고, 각 단원마다 학습종료 후 학습결과를 진단하고, 진단결과가 미흡하거나 불완전하면 다시 반복 학습하여 성취도를 향상시키면서 완전 성취여부를 확인하는 방법으로 학습한다.

사출금형 제작 표준화 관리

단원명 3 | 평가

평가 시점

- 작성된 금형부품 표준서를 보급 활용방법, 금형부품 사용량을 파악하여 표준규격을 보안 방법, 기능변경 등에 따른 표준규격 적용방법 등의 내용의 교육내용(평가항목) 순서에 따라 교육 중 질의응답과 단원 교육 종료 시 구두발표를 통하여 개인별 평가한다.

평가 준거

평가자는 피평가자가 수행 준거 및 평가 내용에 제시되어 있는 내용을 성공적으로 수행할 수 있는지를 평가해야 한다. 평가자는 다음 사항을 평가해야 한다.

평가영역	평가항목	성취수준		
		우수하다	보통이다	미흡하다
3. 표준규격 관리하기	3.1 금형부품 표준서 작성 및 표준규격 보안			
	3.2 표준규격 적용 및 유지 관리			

평가 방법

평가영역	평가항목	평가방법
3. 표준규격 관리하기	3.1 금형부품 표준서 작성 및 표준규격 보안	구두 발표
	3.2 표준규격 적용 및 유지 관리	

단원명 3 표준규격 관리하기

피드백

1. 문제해결 시나리오
   - 문제 해결 진행 과정 중 필요시마다 피드백을 제공하여 문제 해결을 용이하게 한다.

2. 사례연구
   - 사례연구 결과를 모든 학습자들끼리 공유하여 확인 학습할 수 있도록 데이터화여 제시
   - 제출한 내용을 평가한 후에 수정 사항과 주요 사항을 표시하여 다음 수업 시작 시간에 확인 설명

3. 구두발표
   - 발표 과정마다 오류 사항과 주요 사항을 점검하여 조정한 후 설명

평가 문제

1. 사출금형 표준 플레이트의 명칭에 대해서 설명하시오.

2. 금형제작 사양서에서 게이트 형식의 종류에 대해서 설명하시오.

사출금형 제작 표준화 관리

3. 사출금형에서 표준부품 중에서 가동측 부품에 대해서 설명하시오.

4. 사출금형 표준서 작성에서 성형품을 취출하는 밀핀의 종류를 서술 하시오.

5. 사출금형 표준서 작성에서 성형품을 취출하는 밀핀 중 사각 밀핀의 사용용도를 서술 하시오.

단원명 3 표준규격 관리하기

6. 금형제작 사양서에서 게이트 종류에서 사이드 게이트에 대해서 설명하시오.

7. 사출금형에서 표준부품 중에서 고정측 부품에 대해서 설명하시오.

사출금형 제작 표준화 관리

단원명 4   표준규격 개정하기(15230210_14v2.4)

4-1   금형부품 제작공정별 기능개선

| 교육훈련 목표 | • 금형 표준 부품을 이해하고 제작공정을 파악하여 부품 기능을 개선 할 수 있다. |

| 필요 지식 | 금형 표준 부품 및 제작공정을 이해 할 수 있는 지식 |

1 사출금형의 기본구조

1. 사출금형의 기본구조

금형은 스프루 및 런너 시스템을 통하여 플라스틱 수지를 캐비티에 주입하고, 냉각 시스템에 의하여 냉각한 다음 성형품을 취출 하는 시스템이다.

(1) 2단 금형의 구조 및 부품용어

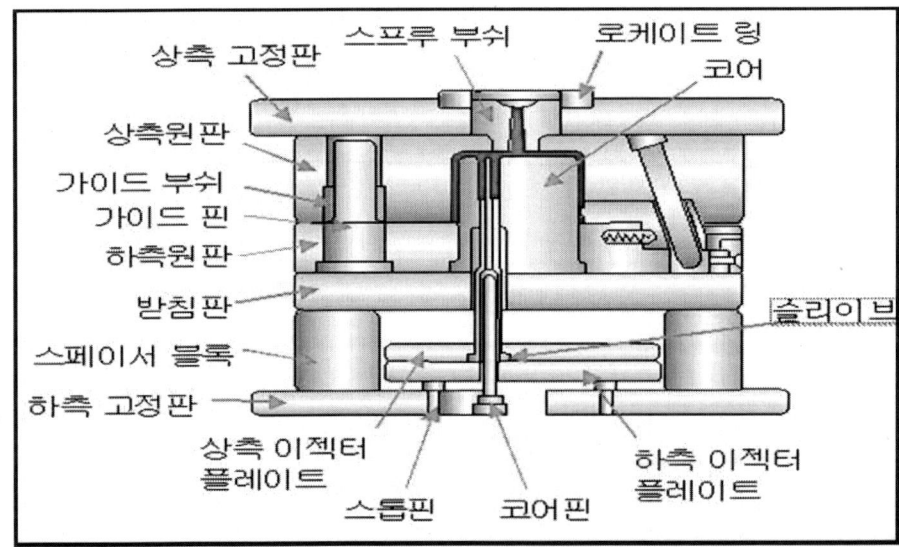

[그림4-1] 기본 구조

(2) 3단 금형의 구조 및 주요부 명칭

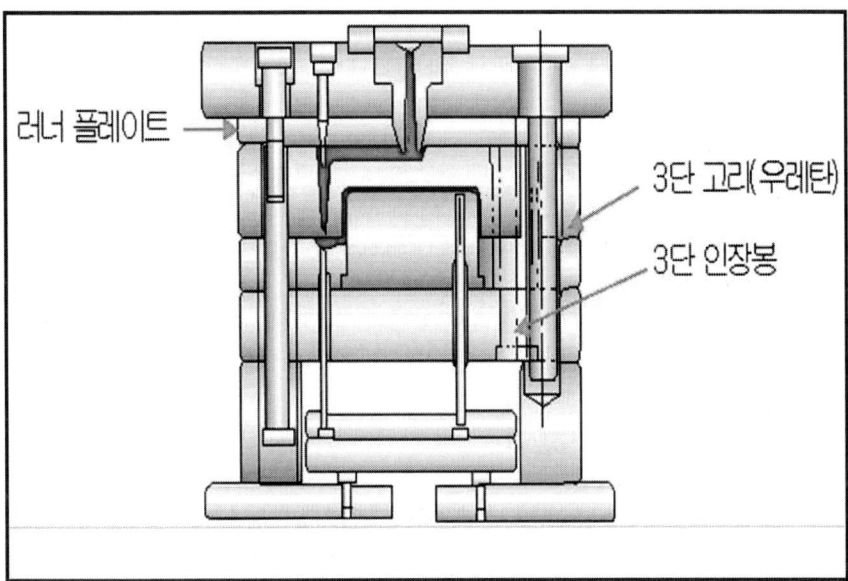

[그림4-2] 3단 금형

2. 사출금형 재료 설정하기

(1) 제품에 맞는 재료 선정
우선적으로 제품에 적절하게 적용 할 수 있도록 재료를 선택 할 수 있어야하며 제품에 필요한 재료나 공정에 끼치는 영향을 고려하여 경제적인 재료를 선정할 수 있어야 한다.

(2) 재료 선정 시 고려 사항
(가) 사출금형의 생산 수명
① 보통 사출금형은 생산수량과 부식을 고려하여 재료가 선정되어야 한다.
② 초정밀금형의 제작 할 경우와 성형 수지를 고려하여 재료가 선정되어야 한다.

(나) 경제성
금형 제작비용이 최소가 되도록 해야 한다.

(다) 물리적 성질
① 강도 : 설계조건에서 적절한 강도 유지
② 부식 저항 : 시운전, 운전정지, 재생 중에 부식저항유지
③ 인성 ; 적절한 충격저항 유지
④ 열 충격 : 빠른 온도상승에 대한 저항유지

⑤ 마모 : 고체를 포함하는 유체를 다룰 때 고려되어야 함
⑥ 산화 : 고체유체를 다룰 때 고려
⑦ 성형 : 성형 유동성 및 용이성을 고려

(2) 사출 금형 재료의 종류

<표4-1> 금형재료의 종류

구분명칭	내용	재료명
철강	열처리를 시행하지 않고 사용하는 구조용 강재	S45C S55C
탄소공구강 (STC)	1.가격이 저렴 2.가공이 용이 3.내마모성이 낮다 4.담금질 변형 및 담금질 균열이 있다	STS2 STS3
합금공구강 (STS)	1.고탄소, 저크롬 등 합금 2. 중급정도의 금형에 사용	STS2 STS3
합금공구강 (STD)	1.다이강 2.자경성이 있다 3.담금질경화 담금질심도 변형 등이 STS보다 우수하다	STD1 STD11
고속도강 (SKH)	1.다이강보다 우수 2. 가격이 비싸다	SKH
주철	1.복잡한 형상도 자유로이 주조 가능 2.면의 압력이 낮은 금형에 사용	GC25 등
구리 알루미늄합금	1.달라붙음, 긁힘, 상처, 용착 등이 작다 2.스테인리스강 등 드로잉 금형에 사용	HZ합금
초경합금	1.텅스텐을 주체로 한 소결합금 2.내마모성우수 3.대량생산용 금형에 사용 4.가공기계에 주의필요	WC
아연합금	1.연강과 유사한 성질 가짐 2.380℃에서 용해 3.주조가 간단 4.소량생산용 금형에 사용	ZAS MAK 등
저 용융합금	1.쇳물 온도 70℃에서 용해되는 특수 금속 2.용융사출 주조가 되고 시험금형 등에 사용	셀알로이 (cellalloy)
합성수지	에폭시 수지 등 몰드성형에서 손쉽게 만들 수 있는 소량생산 금형에 사용	에폭시수지 페놀수지
폴리우레탄 (Polyuretan)	1.고무와 플라스틱의 중간 성질인 탄성체임 2.스프링대용에 사용	
유 섬재 (硫 纖材)	1.유황에다 광물성 섬유를 혼합한 것 2.대형 소량생산의 드로잉 금형에 사용	
기타	1.고무 석고 목재 콘크리트 등 사용	

단원명 4 표준규격 개정하기

3. 사출금형 개발 공정

<표4-2> 개발 공정

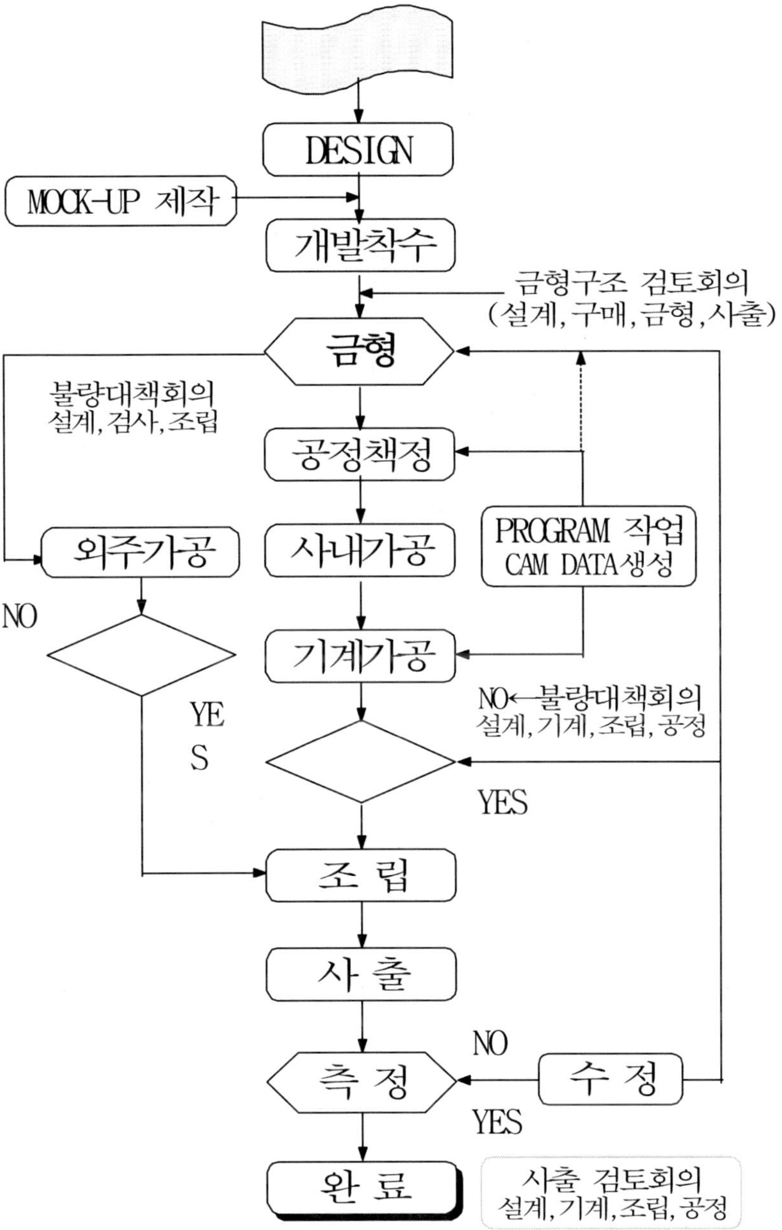

- DESIGN
- MOCK-UP 제작
- 개발착수
- 금형 ← 금형구조 검토회의 (설계, 구매, 금형, 사출)
- 불량대책회의 설계, 검사, 조립
- 공정책정
- 외주가공 / 사내가공
- PROGRAM 작업 CAM DATA 생성
- 기계가공
- NO ← 불량대책회의 설계, 기계, 조립, 공정
- YES
- 조 립
- 사 출
- 측 정 → NO → 수 정
- YES
- 완 료
- 사출 검토회의 설계, 기계, 조립, 공정

사출금형 제작 표준화 관리

실기 내용   사출금형 재질 별 사용용도를 이해 할 수 있는 지식

1 2단 금형 각부 명칭

1. 2단 금형으로 각부의 명칭 및 용도

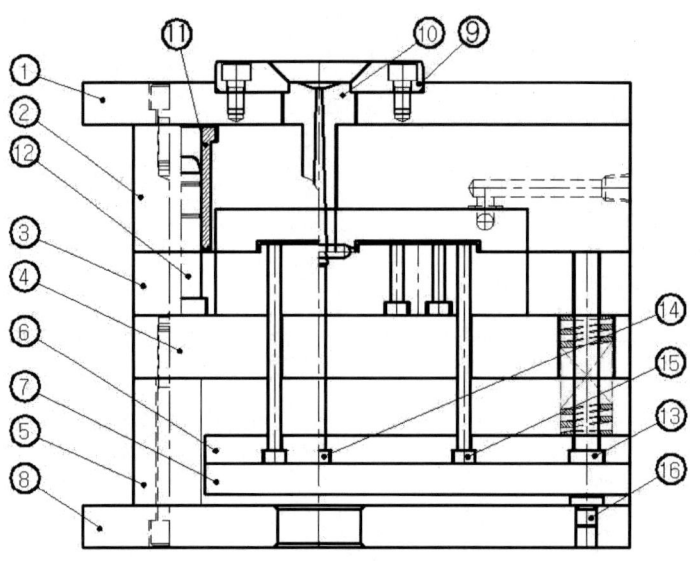

[그림4-3] 2단 금형

(1) 상 고정판(stationary-side clamping plate)

사출성형기계의 고정측 조방에 금형을 고정시키는 부품의 하나로 Top clamping Plate 라고도 한다.

(2) 상원판 (stationary plate)

스프루 부싱(Sptue bushing)과 가이드 핀 부싱(Guide pin bushing)이 고정되어 있으며 금형의 캐비티(Cavity)부가 있는 판으로 상형판(Top cavity retainer plate)이 라고도 한다.

[그림4-4] 상원판

(가) 캐비티(Cavity)

성형재료가 흘러 들어갈 수 있는 상원판의 빈 공간을 말한다.

(나) 코어(Core)

성형품의 내부 공간을 만드는 역할을 캐비티와 코어가 한조가 되어 성형제품 형상을 만든다.

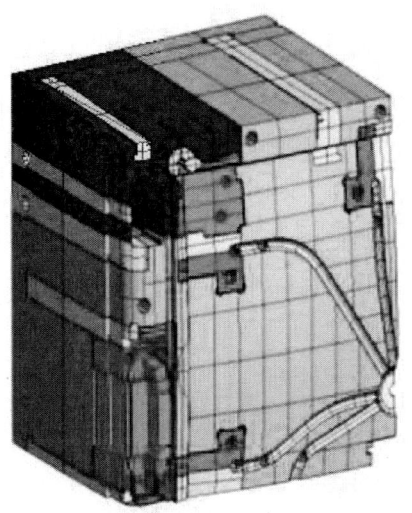 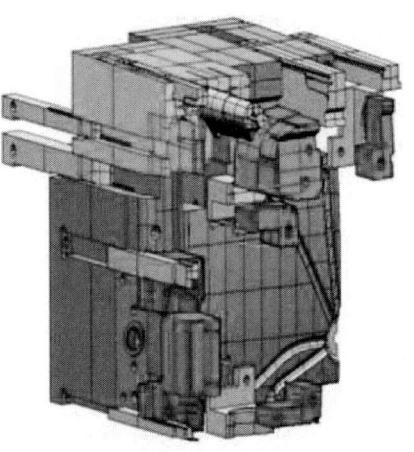

[그림4-5] 캐비티 및 코어

(3) 하원판(Moveable-side core retainer)

가이드 핀이 고정되어 있으며 상원판과 함께 파팅라인을 형성하는 판으로 코어(Core)를 내재하고 있으며 하형판 (Bottom core retainer plate)이라고도 한다.

(4) 받침판(Support plate)

플라스틱수지의 사출성형 시 사출압에 의해 가동측 형판에 휨이 일어나지 않게 받쳐주는 판이다.

(5) 스페이서 블록(Spacer block)

설치판 사이에 성형품을 빼낼 때 밀판(Ejector plate)이 상하로 움직일 수 있게 공간(Space)을 만들어 주는 부품으로 다리라고도 한다.

(6) 상 밀판(Ejector retainer plate)

밀핀(Ejector pin), 리턴핀(Return pin), 스프루 록핀(Spurue look pin)의 자리가 카운터 보링되어 있으며 밀판을 상하로 움직일 때 밀핀을 고정시켜 준다.

(7) 하 밀판(Ejector base plate)

밀핀 고정판에 볼트로 체결되어 있으며 상 밀판에 설치되어 있는 핀들의 받침판 역할을 하는 부품이다.

(8) 하 고정판(Moveable-side clamping plate)

사출성형기의 가동측 조방에 금형을 고정 시키는 부품으로 가동측 고정판(Bottom clampingplate)이라고도 한다.

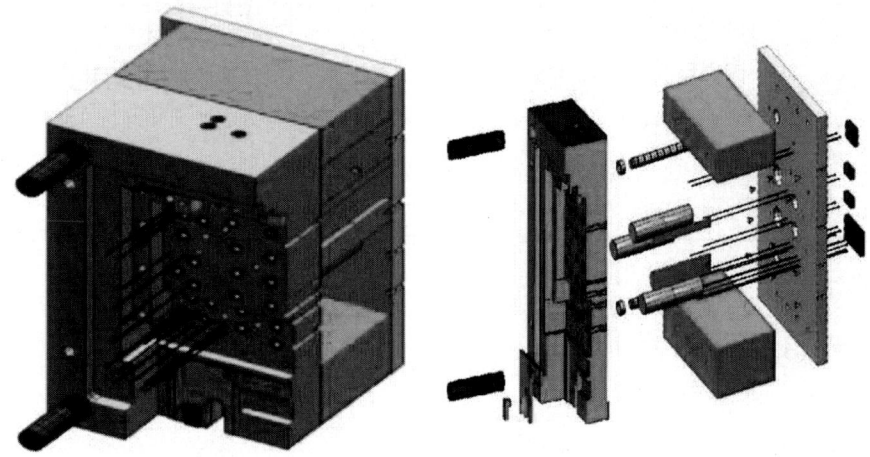

[그림4-6] 하원판 및 밀판

(9) 로케이트 링(Locating ring)

상 고정판의 카운터 보링자리(Countor bore)에 들어가며 사출성형기의 노즐과 스프루 부싱의 중심을 맞추는데 사용되는 부품으로 사출금형의 구조에 따라 여러 형태가 있다.

 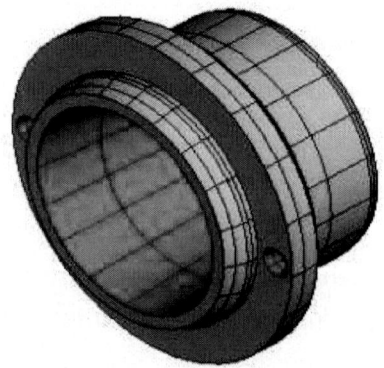

[그림4-7] 로케이트 링

(10) 스프루 부시(Sprue bushing)
사출성형기의 노즐에 밀착되어 플라스틱수지 재료가 러너로 들어가는 원뿔형태의 구멍이 있는 부품으로 사출금형의 구조에 따라 여러 형태가 있다.

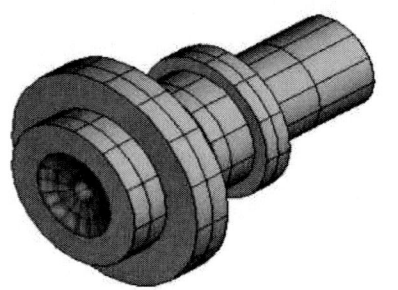

[그림4-8] 스프루 부시

(11) 가이드 핀 부시(Guide pin bushing of Guide bush)
상 원판에 고정되어 가이드 핀에 대해 베어링의 역할을 해주는 부품이다

[그림4-9] 가이드 핀 부시

(12) 가이드 핀(Guide pin또는Leader pin또는Guide)
상원판과 하원판을 정확하게 맞추어지도록 안내역할을 하는 부품으로, 가이드핀은 일반적으로 가동측 형판에 고정되어 있으며 고정측 형판에 고정된 것도 있다.

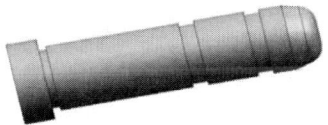

[그림4-10] 가이드 핀

(13) 리턴 핀(Return pin)
상 밀판에 고정되어 있으며 금형이 닫힐 때 성형부를 보호하기 위하여 밀핀을 원 위치로돌

아 가게 하는 핀 종류의 부품이며 안전핀이라 고도 불린다.

[그림4-11] 리턴핀

(14) 스프루 록핀(Sprue lock pin 또는 sprue puller pin)

스프루 바로 밑에 있는 핀으로 플라스틱수지 사출 후 성형된 스프루를 스프루 부싱 밖으로 당겨 빼는 기능을 가진 부품이다.

[그림4-12] 스프루 록핀

(15) 밀핀(Ejector pin)

밀판에 고정되어 있으며 플라스틱 수지의 성형제품을 금형 밖으로 빼내 주는 기능을 가진 부품이다.

(가) 밀핀 (Ejector pin)

[그림4-13] 원형밀핀 및 사각밀핀

(나) 슬리브 밀핀 (Ejector sleeve pin)

보스형태 (구멍이 있는 성형품)의 이젝팅에 사용되는 밀핀의 일종이다.

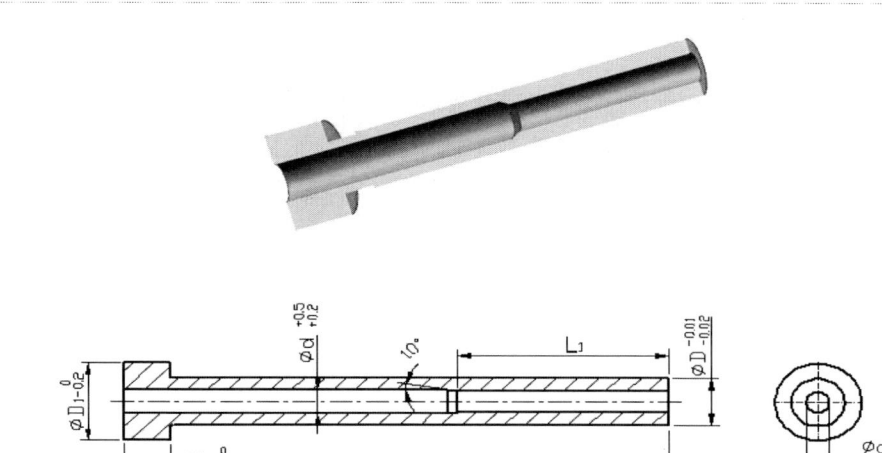

[그림4-14] 슬리브 코어핀

(16) 스톱 핀(Stop pin)

 스톱 핀은 하 고정판에 부착되어 하밀판과 하고정판 사이에 이물(異物)이 끼어들어 상, 하 밀판이 변형이나 휨이 일어나는 것을 방지하는 기능을 가진 부품이다.

[그림4-15] 스톱핀

사출금형 제작 표준화 관리

장비 및 도구, 소요재료

구 분	명 칭	규격(사양)	1대당 활용인원
장비	컴퓨터	도면 및 문서 작성	1명
	프린터 및 주변기기	A3	20명
	문서작성 프로그램		1명
공구	공학용 계산기		1명
	버어니어 캘리퍼스		5명
준비물	금속 비중표		1명
	사출금형 부품 표준서		5명
	몰드 베이스 규격 집		
소요재료	출력 용지(A0 ~ A4)		20명

안전유의사항

1. 안전유의사항

(1) 측정기 사용 시 지켜야할 안전수칙 준수
(2) 몰드베이스의 면밀한 검토로 금형 구조를 확인하려는 태도
(3) 금형 표준부품의 명칭과 기능을 이해하고 숙지하여 정확히 파악하는 태도
(4) KS규격 및 금형 표준 규격서에 의거 작성된 측정치를 관계자와 상호 협의하는 태도

관련 자료

1. 관련 자료

(1) ISO 규격 집
(2) KS 규격 집
(3) 사내표준서
(4) 금형 부품표준서
(5) 협력업체 규격

단원명 4 표준규격 개정하기

4-2　표준규격 적용에 따른 부품제작

교육훈련 목　표	• 표준규격의 개선을 통해 금형부품을 제작 할 수 있다.

필요 지식	몰드베이스의 구조와 제작공정을 파악 하려는 지식

1 몰드베이스의 기본구조

1. 사출금형의 기본 구조

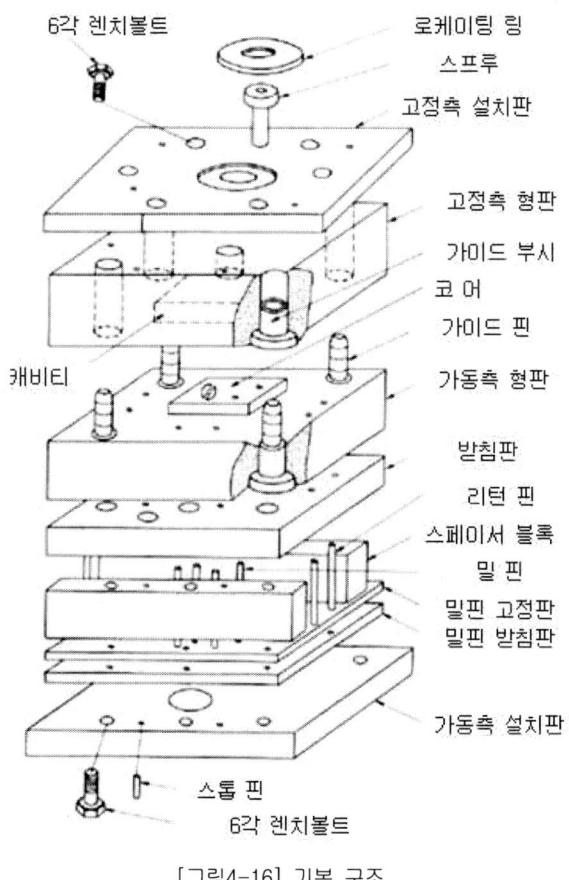

[그림4-16] 기본 구조

117

사출금형 제작 표준화 관리

2. 사출금형의 주요 부품별 사용 재질

<표4-3> 사용 재질

금형부품명		재질	경도 (HrC)	적용 특성
고정측/가동측 설치판		S50C		MOLD BASE. 기신정기 기준. 특수사양의 경우는 재질을 별도 지정 후 제작함.
러너스트리퍼 판		S50C, KP1		
상 원 판				
하 원 판				
받 침 판				
다리 / 밑 판		S50C		
상 코 어 (Cavity)	공통적용	ASSAB718	40	취약부에 사용
		KP4	26-30	일반 범용 하코어에 사용
하 코 어 (Core)		KP4M	28-32	일반 범용 상코어에 사용
		NAK80	58-62	고광택의 상코어/슬라이드 코어에 사용. 정밀 부품의 상코어에 사용 (일본소재)
슬라이드 코어		SKD11	45-48	열처리 금형에 사용
		SKD61	58-60	소형 코어핀 류, 다이캐스팅 금형에 사용
		STAVAX	42-46	WINDOW,렌즈 등 투명품 상/하 코어에 사용
로케이트 링		S45C	HB167-229	
스프루 부시		S45C	18-52	노즐과 만나는 부위에 산소화염 열처리 가공
스톱 핀		S45C	16-50	
받침봉		S45C		
러너 록크 핀		SKD61	30(HV1000)	
가이드 핀		SUJ2	58-62	MOLD BASE 부품
가이드 부시		SUJ2	58-62	
슬라이드 록킹 블록		SKS3	53-56	
슬라이드 가이드레일		SKS3	53-56	
스프링		SWP		
사각 밀핀	공통적용	SKD61	40-45	일반적으로 사용
슬리브 코어 핀		SKD51	58-60	정밀 금형에 사용,
밀핀		SACM	30(HV1000)	범용 금형의 지름이 ⌀6.0 이상에 사용
오 링		고 무		

3. 사출금형의 제작 공정

① 제품 설계

- 상하 베이스
- 몰드 베이스 생성
- 전극 추출

② 금형 설계

- Tool Path 작성
- 가공 Simulation

③ 현장 CAM

- 전극 가공
- Core/Cavity 가공

④ 기계 가공

- 형상 측정
- Hole/Key 홈 측정

⑤ 측 정

- 사상·래핑
- 형합

⑥ 사 상

- 조립
- 배관
- 배선

⑦ 조 립

사출금형 제작 표준화 관리

실기 내용 금형 제작공정을 파악하여 부품 공정 계획서를 작성 하려는 지식

1 금형제작 공정

1. 금형 DR 회의

공 정
Modeling 검토 → 금형 검증 → 신기술/신공법 적용 검토 → 금형구조협의 → 제작사양서 작성

공정별 검토 사항
◎ Modeling 접수/ 검토 　- 빼기구배, 살두께, Under-Cut 검토 　- 기구 Feed-Back 검토 실시 ◎ DR 검토서 작성/ 회의 　- 금형 소재 선정 　- Parting, Slide 등 금형구조 협의 ◎ 선진사 Bench-Making 구조 적용 검토 　- 共和工業(日) 구조적용 ◎ 금형 구조 확정 　- DR2 회의를 통한 최종 구조 합의 　- 일정 및 중요 관리 Point 합의 ◎ 최종 금형 제작 사양서 작성

진행 형태

2. CAE/CAD/CAM

공정
┌ 선행 가공 진행 CAE 해석 → 3D 금형 설계 → 부품 공정 계획서 → CAM Program └ 작업기준서 배포

공정별 검토 사항

◎ CAE 해석
   - 사출해석, 구조해석, 냉각해석 실시
   - 기구 Feed-Back 및 최종 Modeling 확정
◎ 3D 금형 설계
   - 전 부품의 3D 설계 실시
   - 금형의 작동구조 및 내구성 고려 설계
◎ 선행 가공 진행
   - 일정단축을 위한 선가공 부품 도면
   - 표준 부품 가공 진행
◎ 작업 기준서 배포
◎ 부품 제작 공정 계획서 작성
◎ CAM Program
   - RTM (Real Time Machine) 활용 Program

진행 형태

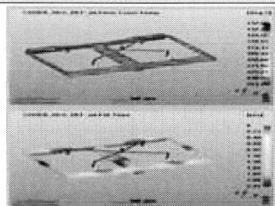
CAE 해석

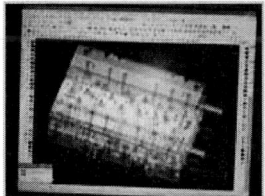
Design(설계)

CAM

사출금형 제작 표준화 관리

3. NC 기계 가공

공 정
┌ 가공물 Setting 방법, Tool 마모 검증 소재입고 황삭가공 → 황삭 가공 후 기준점 재설정, 재 연마 가공 → 정삭 가공 → On-Machine 측정 실시

공정별 검토 사항

◎ 소재 입고 및 황삭 가공
   - 가공물 Setting 방법에 대한 기준 정립
   - Tool 마모에 대한 검증 System 확인
 	
◎ 황삭 후 보정 공정
   - 황삭 후 변형으로 연마공정 추가
   - 코어의기준재설정 (부품의 중앙)
◎ 정삭 가공
   - 정삭 가공 여유량 및 Gap량 측정
   - 가공 후 표면 거칠기 및 기계 완성도 Check
◎ On-Machine 측정
   - 가공 후 측정에 따른 일정 단축
   - Vactor값에 대한 측정 정밀도 Check

진행 형태
 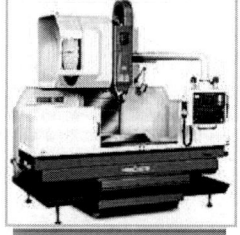

4. 방전/ Wire Cutting

공 정
전극가공 → 전극 사상/측정 (가공물 Setting 방법, 전극 마모 검증) → 방전 가공 → Wire Cutting 가공 → On-Machine 측정 3차원 측정 실시

공정별 검토 사항

◎ 전극 가공 및 사상
   - 전극소재 및 Tooling Sys 사용 여부
   - 전극 사상을 통한 외관 형상 완성도
 	
◎ 방전 가공
   - 가공물 Setting 방법에 대한 기준 정립
   - 황. 정삭 Gap량 및 구현 방전 조도
 	
◎ Wire Cutting 가공
   - 가공정도 별 Wire경 및 가공 횟수 선정
   - Insert 투입부에 맞춤 공차 정립
 	
◎ On-Machine ,측정 3차원 측정
   - 가공정밀도 측정 관리 기준

진행 형태
 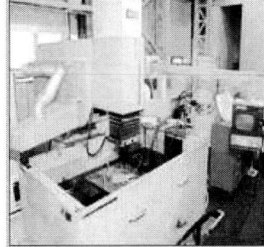

사출금형 제작 표준화 관리

5. 사상/조립

공 정
조립 검토 회의 실시 → 각 부품의 측정 및 검토 → 외관면 가공 완성도 검토 → 부품 Lapping 실시 → 조립 및 면 맞춤 확인 → 작동부 신뢰성 검증

공정별 검토 사항

◎ 조립 검토 회의 실시
    - 조립구조 및 기능부품에 대한 Review

◎ 각 부품의 측정 및 검토
    - 각 부품 (구매품 포함) 측정, 공차적용 검토
    - Part-List에 의한 부품 확인

◎ 외관면 가공완성도 검토
    - 면굴곡, 과절상 등 Check

◎ Lapping 공정
    - 면 사양에 따른 Lapping Process 정립

◎ 조립 및 면 맞춤
    - 금형의 조립성 및 습합 정도 검토

◎ 작동부 신뢰성 검증
    - 작동부의 유격 및 이형성 Check

진행 형태

래핑

조립및습합

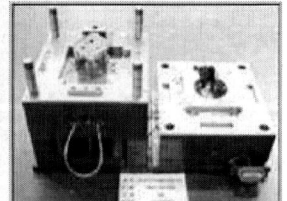

단원명 4 표준규격 개정하기

6. 사출/양산

공 정
시험 사출 → T1 금형 평가 → 수정 검토(기구/금형) ┌ 금형수정 ┐ →→ Tn사출 및 기구승인 → 코어의 표면처리 → 금형검사 및 승인 └ 금형수정 ↑ 이력관리

공정별 검토 사항

◎ 시험 사출/ T1 금형 평가
   - T1 Sample에 대한 치수 합격율 관리
   - 제품 외관품질 평가표 작성
◎ 수정 검토
   - 금형 수정에 대한 검토서 작성
   - 금형 수정 문제점 파악기구개발 Feed-Back
◎ 금형수정 및 이력관리
   - 양산성을 고려한 금형 수정
   - Modeling Up-Date를 통한 금형이력관리
◎ Tn사출 및 기기승인
◎ 코어의 표면 처리
   - 유동성과 양산 내구성을 고려한 표면 처리
◎ 금형 검사 및 승인

진행 형태

출하

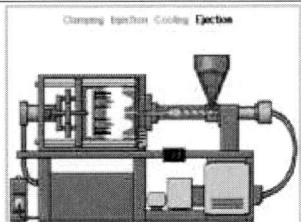
Try 사출

금형검사

사출금형 제작 표준화 관리

장비 및 도구, 소요재료

구 분	명 칭	규격(사양)	1대당 활용인원
장비	컴퓨터	도면 및 문서 작성	1명
	프린터 및 주변기기	A3	20명
	문서작성 프로그램		1명
공구	공학용 계산기		1명
	버어니어 캘리퍼스		5명
준비물	금속 비중표		1명
	사출금형 부품 표준서		5명
	몰드 베이스 규격 집		
소요재료	출력 용지(A0 ~ A4)		20명

안전유의사항

1. 안전유의사항

(1) 측정기 사용 시 지켜야할 안전수칙 준수
(2) 몰드베이스의 면밀한 검토로 금형 구조를 확인하려는 태도
(3) 금형 표준부품의 명칭과 기능을 이해하고 숙지하여 정확히 파악하는 태도
(4) KS규격 및 금형 표준 규격서에 의거 작성된 측정치를 관계자와 상호 협의하는 태도

관련 자료

1. 관련 자료

 (1) ISO 규격 집
 (2) KS 규격 집
 (3) 사내표준서
 (4) 금형 부품표준서
 (5) 협력업체 규격

단원명 4 표준규격 개정하기

단원명 4 교수방법 및 학습활동

교수 방법

- 강의법 · 토의법 · 목표도달학습

표준규격 개선하기에서 금형부품 제작공정을 이해하고 기능을 개선하는 방법, 표준규격을 이해하고 적용방법, 개선을 통해 금형부품을 제작을 수행할 수 있도록 설명한 후 토의하고 각각의 예를 들어 설명함으로서 학습자들이 스스로 학습 목표에 도달할 수 있도록 유도한다.

학습 활동

- 강의법

학생이 교사에게 집중하고, 교사가 수업의 주도권을 쥘 수 있으므로 학습내용 중 중요한 부분은 강의법을 이용하여 학습한다.

- 토의법

사출금형 제작 표준화관리에서 금형부품의 명칭과 기능 및 각 부품의 열처리에 관한 특이 사항 등을 5인 1조로 편성된 그룹별로 토의 한 후 토의된 자료를 발표하고 발표한 내용에 대해서 동료 학생 또는 교사와 질의 응답시간을 가진 후 학습결과를 정리하는 방법으로 수업을 진행한다.

- 목표도달 학습법

학습을 여러 작은 단원(세부 단원별)으로 나누어 실시하고, 각 단원마다 학습종료 후 학습결과를 진단하고, 진단결과가 미흡하거나 불완전하면 다시 반복 학습하여 성취도를 향상시키면서 완전 성취여부를 확인하는 방법으로 학습한다.

사출금형 제작 표준화 관리

단원명 4 | 평가

평가 시점

- 금형부품 제작공정을 이해하고 기능을 개선하는 방법, 표준규격을 이해하고 적용방법, 개선을 통해 금형부품을 제작 등의 교육내용(평가항목)을 순서에 따라 교육 중 질의응답과 단원 교육 종료 시 구두발표를 통하여 개인별 평가한다.

평가 준거

평가자는 피평가자가 수행 준거 및 평가 내용에 제시되어 있는 내용을 성공적으로 수행할 수 있는지를 평가해야 한다. 평가자는 다음 사항을 평가해야 한다.

평가영역	평가항목	성취수준		
		우수하다	보통이다	미흡하다
4. 표준규격 개선하기	4.1 금형부품 제작공정별 기능개선			
	4.2 표준규격 적용에 따른 부품제작			

평가 방법

평가영역	평가항목	평가방법
4. 표준규격 개선하기	4.1 금형부품 제작공정별 기능개선	구두 발표
	4.2 표준규격 적용에 따른 부품제작	

단원명 4 표준규격 개정하기

피드백

1. 문제해결 시나리오
   · 문제 해결 진행 과정 중 필요시마다 피드백을 제공하여 문제 해결을 용이하게 한다.

2. 사례연구
   · 사례연구 결과를 모든 학습자들끼리 공유하여 확인 학습할 수 있도록 데이터화여 제시
   · 제출한 내용을 평가한 후에 수정 사항과 주요 사항을 표시하여 다음 수업 시작 시간에 확인 설명

3. 구두발표
   · 발표 과정마다 오류 사항과 주요 사항을 점검하여 조정한 후 설명

평가 문제

1. 사출금형 제작 시 사용되는 금형재료에 대해서 나열하시오.

2. 사출금형의 각부 명칭에서 캐비티와 코어에 대해서 설명하시오.

3. 사출금형 제작 공정에서 NC기계가공에 대해서 설명하시오.

4. 사출금형 제작 시 일의 진행 순서에 대해서 설명하시오.

5. 사출성형에서 Try shot(시험사출)의 목적에 대해서 서술 하시오.

6. 사출 성형의 원리에 대해서 서술 하시오.

학습 정리

단원명 1 | 금형부품의 표준규격 결정하기

- 세부단원명 1 : 금형부품의 기능 및 재료열처리 사양 선정
① 몰드베이스의 표준부품의 형상 파악
  표준부품의 형상을 파악하기 전에 먼저 몰드베이스의 명칭을 확인 하여야 한다.
  일반적으로 몰드베이스의 구조에 대한 타입 별 명칭을 이해하고, 그 부품이 어느 위치에서 어떠한 기능을 하는지 이해를 해야 한다.
  또한 부품이 하는 역할에 따라서 재료의 선택, 강도에 대한 내용도 파악을 해야 되며, 그에 알맞은 열처리의 처리 방식도 이해를 해야 한다.

- 세부단원명 2 : 금형부품 표준화에 따른 제조원가 계산
  제조원가를 계산을 하기 위해서는 먼저 각각의 부품들의 제작 공정을 확인해야 된다.
  각 부품들의 조립공차, 슬라이드공차. 끼워 맞춤 등등의 공차를 이해하여 부품에 대한 정밀도를 파악하고 제작공정이나 부품의 정밀도에 따라서 사람의 숙련도도 추가되어 가공비에 대한 임률이 결정되어 원가를 계산 하는데 도움이 된다.
  따라서 제조 원가를 계산하기에는 부품의 정밀도, 기계의 정밀도, 사람의 숙련도에 따라 기계가공 임률이 결정되며 여기에 재료비를 포함하면 원가의 계산을 할 수 있다.

단원명 2 | 표준규격 문서화하기

-세부단원명 1 : 금형 표준부품 도면작성 및 분류
① 표준부품 도면 작성 시 필요한 사출금형 설계
  표준부품의 도면을 작성하기 위해서 먼저 사출금형 설계의 지식 및 사전 검토 사항을 확인을 하여야 하며, 플라스틱의 성질을 이해하고 수축률, 게이트, 러너 등의 특성도 파악하여도면을 작성 하여야 한다.
1. 원판도
  상고정판, 러너스트리퍼판, 상원판, 스트리퍼판, 하원판, 받침판, 다리, 상밀판, 하밀판, 하고정판

2. 부품도
  (1) 고정측 부품도
    로케이트 링, 스프루 부시, 고정측 설치판, 러너 스트리퍼판,

사출금형 제작 표준화 관리

　　고정측 형판, 고정측 인서트 코어, 가이드 핀 부시, 각종 볼트,
　　O-RING, 러너 록 핀, 써포트 핀, PL 록크, 필러 볼트 및
　　각종 볼트 등

(2) 가동측 부품도
　가동측 형판, 받침판, 스페이스 블록, 이젝터 플레이트(상),
　　이젝터 플레이트(하), 스트리퍼 플레이트, 이젝터 핀, 스프루 록 핀,
　　리턴 핀, 가동측 설치판, 스톱 핀, 가이드 핀, 리턴 스프링,
　　써포트 카라, 인장 봉, O-RING, 각종 볼트 등

-세부단원명 2 : 표준화 부품의 규격 개선
① 성형품의 규격을 개선을 위한 구조 검토
　금형을 설계하는 경우에는 금형재료의 선택에 따라 금형의 수명, 가공성, 정밀도, 성형품의 품질, 제조원가 등에 큰 영향을 미치게 한다. 따라서 금형 설계는 성형품의 생산량, 금형의 구조, 금형부품의 기능, 성형수지의 종류, 금형가공 설비의 종류와 정밀도를 면밀히 검토하여 결정하여야 한다.

1. 금형재료의 선택요건
(1) NAK80
　플라스틱 금형용 강(프리하든 강)으로서 최적조건으로 열처리하였으므로 그대로 형조 가공하여 사용될 수 있으며 Ni(니켈)-Al(알루미늄)-Cu(구리)계 시효경화용 강으로 사용된다.
　특징은 다음과 같다.
(가) 경면 연마성이 우수하다.
(나) 방전 가공성이 우수하다.
(다) 용접성이 양호하고, 열처리가 필요 없어 그대로 금형가공에 사용된다.
　NAK-80에 적당한 대표적인 수지로는 ABS, AS, 아크릴, 폴리에틸렌, 폴리스틸렌, 나이론, 페놀, 멜라민 등이 있다. 사용 용도로는 렌즈, 안경, 고급 오디오 커버, 라디오 및 카세트 케이스, 테이프 및 화장품 용기, 조명등, 카메라 본체 등에 사용된다.

(2) SKD61
　금형용 합금 공구강으로서 열간 가공용 금형 부품에 적합한 재료다.

　특징으로는 다음과 같다.
(가) 열 충격 및 열 피로에 강하므로 열간 프레스금형, 각종다이스, 다이블록 제조에 쓰인다.
(나) 내마모성과 내열성을 이용하여 열간 가공용 사출금형에 광범위하게 사용되고 있다.
(다) 고 청정도와 고 품질

(라) 진공 탈 가스 처리와 재 용해 공정을 통하여 제품의 청정도와 품질이 우수하다.
(마) 균일한 조직 구성
(바) 고온 강도와 인성이 양호하다.

단원명 3 | 표준규격 관리하기

- 세부단원명 1 : 금형부품 표준서 작성 및 표준규격 보안
① 작성된 표준서를 활용을 위한 제조공정 확인

사출금형의 조립도를 확인하고 각 부품의 명칭과 기능 및 부품의 형상을 파악하여 제작 시 방서를 작성하여야 한다. 아울러 게이트형식, 게이트의 위치, 러너의 형상 및 크기,취출방식,금형의 구조, 성형기의 크기 등을 준비하고 결정한다.

- 세부단원명 2 :표준규격 적용 및 유지관리
① 표준규격을 적용하기 위해서 금형부품의 종류와 규격 확인

금형의 구조는 성형품 형상, 재질, 사출성형기의 사양 등의 여러 가지 조건을 고려하여 정해지며, 그 주요부는 형판 및 캐비티, 유동기구, 주입기구, 이젝터기구, 금형의 온도조절기구 등으로 이루어지는데 부품 역시 이러한 요건 등에 영향을 받아 종류와 규격, 수량 등을 준비하고 확인해야한다.
 (1) 사출금형에 있어서 필요한 조건
   (가) 성형품에 알맞은 형상과 치수정밀도를 유지할 수 있는 금형구조이어야 한다.
   (나) 성형능률, 생산성이 높은 구조이어야 한다.
   (다) 성형품의 다듬질 또는 후가공이 적어야 된다.
   (라) 고장이 적고 수명이 긴 금형 구조이어야 한다.
   (마) 제작기간이 짧고 제작비가 저렴한 구조이어야 한다.

단원명 4 | 표준규격 개정하기

- 세부단원명 1 :금형부품 제작공정별 기능 개선
① 사출금형 개발공정을 확인
 1. 디자인
 2. MOCK - UP 제작
 3. 개발착수
 4. 금형제작
 5. 금형구조 결정

사출금형 제작 표준화 관리

    6. 검토회의
    7. 금형설계
    8. 금형표준 부품구매
    9. 금형 부품 기계가공
    10. 금형 조립
    11. TRY, 측정, 수정
    12. 양산

- 세부단원명 2 : 표준규격 적용에 따른 부품제작
① 사출금형의 제작 기본 공정
1. 제품설계
2. 금형설계
    Modeling 검토 → 금형 검증 → 신기술/신공법 적용 검토
    → 금형구조협의 → 제작사양서 작성
3. 현장 CAM
    CAE 해석 → 3D 금형 설계 → 부품 공정 계획서 → CAM Program
4. 기계가공
    소재입고 황삭가공 → 황삭 가공 후 기준점 재설정, 재 연마 가공
5. 측정
6. 사상
7. 조립
    조립 검토 회의 실시 → 각 부품의 측정 및 검토 → 외관면 가공완성도 검토
    → 부품 Lapping 실시 → 조립 및 면맞춤 확인 → 작동부 신뢰성 검증

종합 평가

종합 평가

평가문항 1. 원가의 3요소를 나열하고 설명 하시오.

(답)

원가의 3요소

원가의 발생 형태에 따라 재료비, 노무비, 경비로 분류한 것으로 이를 원가의 3요소라 부르고 있다.

(가) 재료비

제품을 제조하는데 사용한 재료에 의해 발생하는 비용으로 금형의 경우 몰드베이스 (Mold Bace)부품 등이 이에 해당되며 원재료비, 주재료비, 구입부품비 등으로 구분한다.

(나) 노무비

제품제조에 종사하는 종업원의 노동용역에 대한 댓가로 발생되는 원가로서 급여, 상여금, 직책수당, 잔업수당, 법정복리비, 퇴직금 등이 이에 속하며 직접비와 간접비로 구분한다.

(다) 경비

일반적으로 재료비, 노무비 이외에 제조비용으로 전력비, 수도료, 감가상각비 등이 이에 속한다.

사출금형 제작 표준화 관리

평가문항 2. 다음 Mold base의 규격을 보고 Mold base의 중량을 구하시오.

규격 : 1518 SC 40 50 60 = 1SET
비중 : 7.85

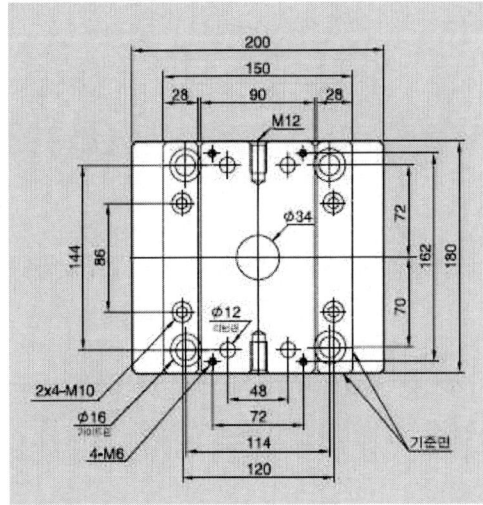
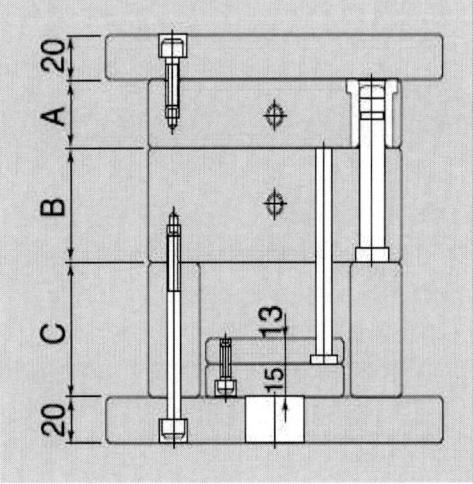

A: 40.0
B: 50.0
C: 60.0

(답)

명칭	수량	재질	규격(mm)	중량(Kg)
상고정판	1EA	SM45C	t 20X200X180	5.652
상원판	1EA	SM45C	t 40X150X180	8.478
하원판	1EA	SM45C	t 50X150X180	10.595
다리	2EA	SM45C	t 28X60X180	4.747
상밀판	1EA	SM45C	t 13X90X180	1.653
하밀판	1EA	SM45C	t 15X90X180	1.90
하고정판	1EA	SM45C	t 20X200X180	5.652
합계				38.677

평가문항 3. 다음 2단 금형 Mold base의 도면을 보고 각부 명칭을 서술 하시오.

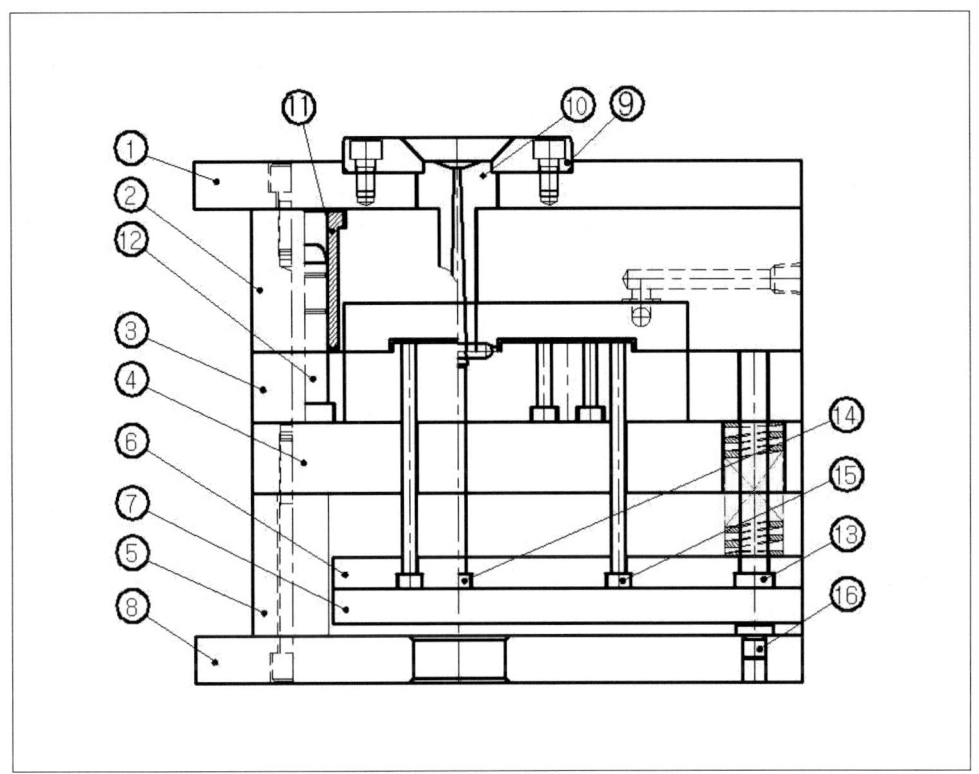

(답)

몰드 베이스 의 각부 명칭			
번호	명칭	번호	명칭
1	상 고정판	9	로케이트 링
2	상원판	10	스프루 부시
3	하원판	11	가이드 부시
4	받침판	12	가이드 핀
5	다 리	13	리턴 핀
6	상 밀판	14	스프루 록핀
7	하 밀판	15	밀핀
8	하 고정판	16	스톱핀

사출금형 제작 표준화 관리

참고자료 및 관련 사이트

1. 국가직무능력표준 "설계관련 정보 수집 및 분석"
2. 구자길(2010). "국가직무능력표준", 한국산업인력공단
3. 한국산업인력공단(2005), 직무능력표준 개발 매뉴얼 연구자료
4. 사이트 : 국가직무능력표준(www.ncs.go.kr)
5. 삼성 기술표준
6. 송요풍(2010). 기계제도, 한국산업인력공단
7. 민현규(2009). 사출금형, 한국산업인력공단
8. 기신정기. 카다로그

<작성지침>
- 참고자료 및 사이트는 해당 능력단위 교재 개발시 지식, 실기내용 등 출처와 활용한 참고자료 및 사이트를 제시

■ 집필위원
　설동옥

■ 검토위원
　김부태
　황인호

사출금형제작
사출금형제작 표준화 관리

초판 인쇄 2016년 06월 10일
초판 발행 2016년 06월 17일
저자 고용노동부, 한국산업인력공단
발행인 김갑용
발행처 진한엠앤비
주소 서울시 서대문구 독립문로 14길 66 205호
　　　(냉천동 260, 동부센트레빌아파트상가동)
전화 02) 364 - 8491(대) / 팩스 02) 319 - 3537
홈페이지주소 http://www.jinhanbook.co.kr
등록번호 제25100-2016-000019호 (등록일자 : 1993년 05월 25일)
ⓒ2016 jinhan M&B INC, Printed in Korea

ISBN 979-11-7009-737-2 (93550)　　　[정가 14,000원]

☞ 이 책에 담긴 내용의 무단 전재 및 복제 행위를 금합니다.
☞ 잘못 만들어진 책자는 구입처에서 교환해드립니다.
☞ 본 도서는 [공공데이터 제공 및 이용 활성화에 관한 법률]을 근거로
　 출판되었습니다.